# 何处有香丘

## ▪ 红楼谈香录

亚比煞 ———— 著

华中科技大学出版社
http://www.hustp.com
中国·武汉

# 红楼谈香：

## 你也许错过了一个世界

　　每当有人问我，爱读什么书时，下意识我会脱口而出：《圣经》和《红楼梦》。现在想想，说爱读并不准确，我根本是浸润在这两本书中长大的。它们就像我精神的父母，《圣经》是父，威严而有规则，带来庞大整全的世界观。《红楼梦》是母，温柔细腻，给我美的教育，爱的启蒙。从上小学起，就常踩着小板凳去够我爸放在橱柜里的那套《红楼梦》，当时并不能读懂，但喜欢里面的诗词和工笔人物画，用薄薄的白纸描下来，夹在课本里，就觉得很开心。

　　可惜的是，那套《红楼梦》在一次搬家途中遗失了。后来，我又收藏了好多本《红楼梦》。有新书也有旧书，有横排也有竖排，有脂本也有程本，《红楼梦》里的优美、娴雅，在成长的岁月里，不断地浸润着我，让我从一个淘气的小孩

1

变成了一个对美心怀尊敬的人，它给我最好的美的教育，让我一点点拥有了感受美的能力。

除了《红楼梦》之外，另一件我所珍爱的美的事物，就是香水了。大约世间美的事物总是贯通的，所以，读《红楼梦》时，我常想到香水，用香水时，常想到《红楼梦》。文字和香味，虽是两种不同的介质，却常唤起我心中相似的情感，其中有某种微妙又遥远的相似性，在我心中不停盘桓，久久萦绕。

盘桓日久，终于想，我应该写这样一本书呀，把这两件一古一今，一中一西，看似毫不相关的，却又在美的教育上给我极深触动的两种事物联系在一起。我总相信，这虽然是我个人的感受，也一定能在世间寻到几许知音吧。

于是，就有了你现在看到的这本《何处有香丘》。

选这个名字，纯粹出于个人的偏爱。《红楼梦》里的诗词，大半能背，但念诵最多次，抄写最多次的，是《葬花词》。而《葬花词》里，最锥心的一问，莫过于"天尽头，何处有香丘"。彼时黛玉葬花，亦是埋葬自己，而这一问，不但是黛玉心中所问，更是曹雪芹借黛玉之口，为天下古今所有纯良之人，向着苍茫天地的一次发问："在这污浊腥臭的世间，若是没有美的容身之处，那么天尽头，在远离尘嚣的地方，会不会有一片散发着幽香的净土，能让在这风刀霜剑中备受摧残的身心，得到休憩和解脱呢？这香丘，到底要向何处去寻呢？"

因为"香"这件事，在所有的诗词文章中，都绝不仅是嗅觉上的存在。它一直被视为对善和美的追求，指向一种超逸而纯净的品格。从陶渊明到王维，从桃花源到大观园，经历过太多战争和苦难的中国人，心中始终抱有对这片净土的执着梦想。最有名的，自然是屈原的《离骚》，他在《离骚》中写到自己身披许多奇花异草，满身芬芳，四方周游，这种看似行为艺术的古怪举止，最终指向的是他精神上的"香丘"："亦余心之所善兮，虽九死而犹未悔。"

司马迁在《史记·屈原列传》中曾如此评价屈原："其志洁，故其称物芳。""志洁"和"物芳"是互为因果的，因为心中干净，志向高洁，所以爱慕芬芳之物，而草木的芬芳，也把诗人灵魂中的不流俗，变成了外化的、可以感知的存在。

《红楼梦》中的"香"也是如此。

第一次读《红楼梦》，是读情节，第二次读，是读细节，读到第三、四、五、六次，甚至十几次，几十次之后，它就不再是一本书，而是成了某种空气般的存在，好像一缕幽香随身相伴，书里的许多句子、人物，都成了生活的一部分，走在路上，会想起他们；吃饭、睡觉，做许多无关杂事的时候，也会想起他们。

甚至有时，已经不是想起，而是成了一部分的潜意识，它就成为你举手投足间精神气质的一部分，你甚至不会意识到它的存在，但它已经融进你的灵魂、你的生命之中。它无声地存在着，存在于你说出的每一句话中，你说话时的表情里，你对所有事物的感觉里，若细细辨认，都会有它的影子。

这一点，也非常像香水。

最初学着用香的时候，总能意识到香水的存在，好像你是你，它是它。但用久了一些熟悉的味道之后，它就慢慢化为你身体的一部分，再也无法从你身上剥离。那香味若有似无，若去还留，从来不特别注意，却带来一种熟悉的安全感，就如同一本读久了的书，一件穿得软熟的贴身衣服，一个平凡而长久的爱人。

你会知道，什么都会消失，但是香味不会，它会一直陪着你，每当心绪烦乱，闻到熟悉的香味，就像老友在耳边细细低语，就会获得一种莫名的安心。友情与香，它们的相同点，就是都无处捉摸，是透明的，是无形的，却又是如此无所不在的存在着。

如同林夕写过的那一首《玉蝴蝶》："恋生花也是你，风之纱也是你……夫斯基也像你，早优生也像你……"

上天入地，什么都不是你，但也都是你。聂鲁达写"你从万物中浮现，充满了我的灵魂"，红楼与香水，对我而言，都是这样的存在着。

中国人历来重视的是道德教育，君子要有德，终日乾乾，要有才，兼济天下，却唯独很少谈美，认为"美"只是旁枝末节，或者是玩物丧志，更甚之，是迷惑人心，会使人误入歧途的存在，比如"红颜祸水"。

但是，今天我们必须要为"美"正名，我们迫切需要美的教育。我们真正需要的是"美德"而不是"道德"，差别在哪里呢？道德，也许本意是好的，但容易沦为动听的口号，变成一味的拔高与求全，由于缺乏可操作性而必然导致弄虚作假。见过了太多道德教育的高压之下培养出的"伪君子"，我如今越发相信，只有美的教育，才是真正的、有效的人格教育。而道德的真正实现，一定需要依靠美的教育。

只有真正感受过美，沉醉于美，人心中才会生出善与真，因为懂得美，处处看见美，所以不忍伤害与玷污，这就是善。因为相信美，也愿意创造美，才会知道所有美都是从"真"中来，人也才能够真正的卸下伪装，诚实而勇敢的成为自己。

美的教育，会让人从心中生出真正的平等、淡定和慈悲，美能将人我之见渐渐消灭。而美的教育，最有效的方式，就是学会欣赏艺术。

所谓艺术，是取世间所有天然之物为原材料，来表达作者内在的情感和思想的独特性。每个艺术家，擅长使用的元素不同，于是也就有了艺术的多种样貌。

有人善用色彩和颜料，于是就画画，把感情、经验和思想倾注在画面之中。有人，对声音和节奏敏感，于是就作曲，将世间所有声响铺排成动人的音乐。而有人，则沉醉于香气，所以他们就成了调香师，广采世间所有植物与物质的香味为原料，把自己的品位、感情与观点融入其中。

也许，对于香味，很多人都是陌生的，若以声音做比，可以这么说，有些香水，简单如风铃，如八音盒，又或是钢琴独奏，美在纯粹与简单。而有些香水，则滋味、层次复杂，如同气势恢宏的交响乐，美在气场与内涵，绕梁三日，余香不绝。

调配一支香水的过程，也非常像在谱写一首交响乐，从哪里起，到哪里收？选择哪种香料，就像是选择哪种乐器，该奏出多大的声音？谁是主角，谁又是陪衬，统统都要做得恰到好处。

闻香时也如欣赏交响乐，你如果有一个灵敏的鼻子，当然可以去细心地分辨其中的每一种香料，但是最重要的，还是要去感受整支香水所带来的意境。它会牵动你怎样的情绪？唤醒你的回忆，还是希望？是让你感受愉悦，还是悲伤？这才是香水最为迷人的所在。

香水是造境的艺术，所以我在写香评时，并不倾向于一一分辨其中所有的成份，而是更想描述香味带来的境界让读者感受。香味一旦被感知，就会神奇地在我脑中幻化出一幅立体而饱满的风景，有些层次复杂的香水甚至还能带出情节，如同梦境。所以，对香水的评价，是很私密与个性化的，它为我唤起的图景，未必和你相同，但是我想试着用语言来捕捉那一刻我所感受到的美妙。希望在语言的留影中，那一刻的美妙能够定格，成为永恒。

但是，我也必须要说，文字的描述即便再精准，它终究无法代替香味本身。如果艺术创作也有高下之分，在我心中，它们的排序应该是这样的：香水和音乐排首位，其次画面，最后文字。也许会有人不同意，那么容我解释一下自己排序的标准。

首先，我认为最美妙的艺术，一定是对世界的还原与升华，所以创作某种艺术的元素，越贴近自然的，当然就越真实。香水，是以自然之物，造自然之境；音乐，是用自然之音，造自然之境，这两者皆取材于自然之中。再往下，画就比较抽象了，而文字就完全是抽象的东西了。

其次，我认为艺术的整体性越强，留白的空间越大，就越是接近真相的实体。最好的艺术，是给人以印象，而不是概念。

香水触动的是嗅觉，音乐触动的是听觉，都是直击感官和神经元，能够留下一个印象，而难以表达一个概念，它们皆是微妙之物，无形无影，直通人的气质、情绪，无以名状，如烟云聚散，是流淌的、变化的，没有空间的限制。

而到了画，则有了空间和局部的限制，到了文字，更依赖于人的逻辑，一旦需要逻辑说明，就已经失去全面而聚焦于片面了，说明总不如表现来得好。所以，在我看来，香水和音乐是更加直接的艺术，纯粹表现的艺术，它不依靠符号翻译，它给你的感受是什么，就是什么。

而画和文字，本质上还是符号的艺术，他们仅仅只能表达局部，而不可能还原一个完整的本体，虽然画家和作家们也一再的挑战，一再的试图突破局限，所以才有了艺术上的抽象派，有了文学里的意识流。这都是画和文字，试图向整体靠近的努力尝试。

人自生来，便有眼耳鼻舌身意，佛教称为"六根"，这是我们与世界联系的入口，一切构成我们灵魂要素的经验，都是从这六处而来，能满足这六根的，便有其存在的价值。人类的一切创造，莫不是紧紧围绕着六根的存在而产生的。

人们想尽办法，创造出种种生活用品与艺术品，来满足六根所需。有眼，便有美色美景供其欣赏；有耳，便有许多音乐供其聆听；有舌，便有无数美食供其品味；有身，便有各种柔软舒适的织物供其感触，或温泉，或按摩，供其享受；有意，便有许多书籍、电影等灵魂食粮，供其打发空虚与无聊……

这些事物，人的一生多多少少都会经历，都曾被满足过，也都能略知其妙。而唯独为嗅觉所做的这一门艺术：香水，许多人甚至一生都与其鲜有接触，对它的幽微美妙，也无从了解，究其原因，大概还是受限于成本。

与音乐、美术、文字可以无限低成本复制的方式相比，香水的传播是比较受制约的，它很难被复制，必须是原版才能被欣赏。它制作的原料比较昂贵，所以很难让所有人都亲自体验，而且有很多经典名香，一旦消失就是永远消失了，因为创造它的原料是纯粹的物质，所以它也必须依附于物质而存在。

在我看来，这是一大憾事。可以这么说，从来没有用过香水，或完全不懂得欣赏香水的人，他的重要感觉之一"嗅觉"基本等于是荒废的，至少是从来不曾被开发过，也不曾被抚慰和真正享受过的。也许有人会不同意，我不闻香水，也可以闻花花草草，闻美食啊，何必非得是香水才能满足嗅觉呢？

天然的香味，固然也很美，但是与经过调香师妙手调配，拣择世间万物再组合出的气味的艺术相比，那是完全不同的。就像你也可以去欣赏大自然的各种原声：鸟鸣、水流声、金属碰撞声、孩子的哭声，以及各种动物的叫声、人的说话声……但是，这些声音，与音乐相比，是完全不同的，曾经听过音乐的人，自然明白这一点。没有闻过香水的人，就像是从来不曾用耳朵听过音乐的人一般。

自然的音与香，固然美丽，但艺术更美。因为艺术是对世界的提炼和表现，是经过酝酿和沉淀的，而绝非简单的重现。

所以，这也是我写作本书的一个初衷，希望通过我的介绍，能让人们多少重视香水，对香水这一门艺术开始产生兴趣，从这里打开一个新世界的大门。

香水，绝不只是女人化妆打扮的一个小玩意，它是一个完整而庞大的艺术体系，它是一个低调而小众的艺术形式，故此只要是生而为人，有嗅觉的人，都可以尝试去理解它，它会带你发现，原来这个世界，除了声音、色彩、味道之外，还有另一种令人惊叹的美。你也许会发现，原来曾经错过了一个世界，而不自知。

在本书中，我会谈到香水的几大流派，也会分别介绍其中优秀的代表作，更因为这本书与《红楼梦》的关联，我们还将笔触延伸得更远一些，会谈到古时贵族的一些用香传统，以及在《红楼梦》里曾经出现过的香物。

古代君子有四雅：焚香、煮茶、挂画、插花。用香，在古代，为风雅之首，也是身份的象征。唯有衣食足，而后知荣辱，才会开始追求生活的质量和情趣。因此，一部《红楼梦》里，处处可见香的影子。从冷香丸，到茉莉香粉，从黛玉做的香囊，到北静王送给宝玉的香念珠，从吃的，到化妆品，从服装，到礼物，香气始终贯穿着《红楼梦》，成为它精神气质的重要部分。

曹雪芹是贵族出身，他用起香来，娴熟自然，这些香气出没在字里行间，如同他与生俱来的贵族气息，让我们看到了《红楼梦》，作为中国古代贵族生活的百科全书，那种气度，真是当之无愧的存在。

当然，我们不会仅仅沉浸在对艺术和文化的探讨中，除了谈到艺术本身，我更希望这本书能够兼顾一些实用的价值，比如可以指导初次选香的朋友，如何选择适合自己的香水。

我的建议是，最好从你欣赏的人物开始模仿，渐渐找到自己的特点。比如黛玉，宝钗，怎么模仿呢？你可以在这本书里选择最适合你气质的人物，我为她们选择的香水，可以作为参考。

如果为黛玉选香水，我会选哪支？如果用一支香水来形容我对大观园的感觉，我会选哪支？黛玉是幽香，超逸高洁；宝钗是冷香，理性自律；宝玉是暖香，温柔体贴；妙玉是寒香，孤芳自赏；而秦可卿，则是一缕甜香，妩媚动人。人以香分，闻香识人，比照之下，就很容易确定自己的风格了。

那么，我们就从这里开始吧。

# 目录

## 钗香

## 合香

## 品香

## 恋香

## 后记:

钗香

# 黛玉的书房：

## 书香与药香

在我读过的所有小说里，人设做得最精密，最完整，最天衣无缝的，恐怕就是《红楼梦》了。《红楼梦》的爱好者基本都能达到这么一种境界，随便翻开一页，把上下文都盖上，只看对话，就可以判断出是谁在说话，因为每个人的语言特色都那么鲜明，和人物的性格是完美适配的。

《红楼梦》人设的周密性，不光体现在性格与语言的适配，还有服装、动作、文风各个方面，但最令人叫绝的，是人物性格与住所的呼应。大观园中，宝玉住怡红院，黛玉住潇湘馆，宝钗住蘅芜苑，探春住秋爽斋，妙玉住栊翠庵……这都是绝对不能互换的，每个人住的地方，不只是一个园子，其中的植物、亭台、摆设，无一不是精心设计过的，和人物性格形成呼应的。甚至可以说，每个人住的地方，就是

3

他内心世界的外化。

比如探春的秋爽斋，单看名字，就觉得秋高气爽，再看室内，"探春素喜阔朗，三间屋子并不曾隔断。"整个屋子全部打通，大气豪爽，其中陈设也是花梨大理石大案，斗大的汝窑花囊，再配上米襄阳的画，颜鲁公的字，这气派，这品味，把贾政老爷都要比下去了。除了探春，还真没人配住进去。

潇湘馆是黛玉的住所，也一样是比着黛玉量身定制的。

院中最主要的植物是竹子，满院修长的翠竹，凤尾森森，龙吟细细，土地下苍苔布满，中间羊肠一条石子漫的路。后院栽着些梨树和芭蕉。梨树在春天会开白花，开时如云，落时似雪，所以潇湘馆的整体色调是终年青绿，春天则夹杂些微白花的冷色调，几乎没有暖色。

潇湘馆的植物配置，明显体现出黛玉孤洁的性格。二十七回中，借雪雁、紫鹃之口侧写了黛玉素日的性情，"无事闷坐，不是愁眉，便是长叹，且好端端的不知为了什么，常常的便自泪道不干的。"想起李白《怨情》中的美人："美人卷珠帘，深坐蹙娥眉。但见泪痕湿，不知心恨谁？"

黛玉是来还泪的，所以题帕三绝，每首都在写泪。而潇湘馆的植物，也大多和泪有关，最明显的当然是斑竹，还有就是苔藓。

还记得黛玉读过的《西厢记》吗？"幽僻处可有人行？点苍苔白露泠泠。"幽僻处的苍苔与白露，既是潇湘馆的写照，也是黛玉内心的幽暗与孤独，如同密布着苔藓的竹林深处，潮湿、静谧、柔软，是一块未曾被人踏足的神秘之地。

没有见过真正的潇湘馆是什么样子，但我想象中的潇湘馆，应该是日本的西芳寺的模样。

西芳寺，也被称为"苔寺"，它被认为是全世界最难参观到的景点，对参观的人数有严格的限制。之所以如此，是因为苔寺是以养苔闻名的，小巧的寺院整个都被厚苔覆盖着，静谧而森凉。苔藓极需要静谧的，它的养成需要潮湿阴暗的环境，害怕喧哗的人气。

苔的美学，是东方园林中独有的。苔藓喜阴，有避世的气质，这种气质和东方哲学中的老庄、禅宗，是一脉相承的。它是无为的，顺其自然，不对生命有过多的干预和修正。一个手脚太勤快，性格太明亮的人，庭院里一定是没有苔藓的，探春的园子里，想必就不会有。

苔藓是忧郁的，是被遗忘在角落里暗暗萌生的心事，是岁月里某种遗憾的记忆和思念，苍凉而萧条。李白在《长干行》里写到思念丈夫的女子，只用了一个场景就意境全出，"苔深不能扫，落叶秋风早"。

黛玉天性如苔，喜散不喜聚："他想的也有个道理，他说，'人有聚就有散，聚时欢喜，到散时岂不冷清？既冷清则伤感，所以不如倒是不聚的好。比如那花开时令人爱慕，谢时则增惆怅，所以倒是不开的好'，故此，人以为喜时，他反以为悲。"

黛玉前生就是植物，是仙草，在这样幽僻的园中，大概有回归本心的自在。潇湘馆小巧玲珑，幽静竹林下掩映两间小小房舍，无数个漫漫长日与长夜，黛玉最常做的事，大概就是依在月洞窗前，或读书写字，或沉吟深思，或看燕子，或教鹦鹉念诗。

也因此，黛玉是与天地灵气交汇最深的人。二十六回中，黛玉吃了晴雯的闭门羹，在怡红院墙外伤心呜咽，霎时间"苍苔露冷，花径风寒"，连宿鸟栖鸦都不忍听闻，"俱忒楞楞的飞起远避"。

想起《圣经》里写到，当耶稣在十字架上死去的时候，太阳暗避如不忍睹，天昏暗，地震动。耶稣是上帝之子，身份不凡，所以他的死亡，能使天地变色。而黛玉也同样不属凡间，她似乎是通灵的。黛玉一哭，自然环境也都跟着变化。露冷了，风寒了，就像窦娥冤屈，六月飞雪一般，黛玉的悲伤，也会让天地为之难过。

《红楼梦》里所有的女子，唯有黛玉有这样的魔力，其他人都没有。因为她是仙，而其他人都只是凡人。"颦儿才貌世应稀，独抱幽芳出绣闺。呜咽一声犹未了，落花满地鸟惊飞"，这是一处略微有些魔幻色彩的场景，可以体会到作者在真幻之间自由转换的高超笔力。

《芙蓉女儿诔》中有多处细节，可以看出此文是明祭晴雯，暗祭黛玉。比如有一句"人语兮寂历，天籁兮篔筜"，篔筜指的就是正在长节的竹子。人声沉寂，竹林里，唯有些许竹子发出拔节的声响，此情此景，整个大观园中，唯有潇湘馆才有，大约也唯有黛玉，深夜无眠时，才会听到如此寂寞而幽微的声音。

潇湘馆、黛玉、斑竹，三者的形象是融为一体的，诗意而冷清。美则美矣，但总是觉得，这个地方似乎太寒凉了，虽然切合黛玉的性格，但对黛玉的病体并不合适。住在这样的地方，大约再开朗的人，都会变得忧郁悲伤吧。若是像宝玉那样，住在一个怡红快绿的园子里，她的心情，会不会也因此变得明快一些？

好在，黛玉的书房，倒是有些英气的，她的屋子和园子不同，她是外冷内热的：

窗下案上设着笔砚，又见书架上磊着满满的书。刘姥姥道："这必定是那位哥儿的书房了。"贾母笑指黛玉道："这是我这外孙女儿的屋子。"刘姥姥留神打量了黛玉一番，方笑道："这哪像个小姐的绣房，竟比那上等的书房还好。"

刘姥姥把黛玉的屋子当成了男孩的书房，满屋子除了书，就是笔墨纸砚。黛玉是个书痴，她从苏州回来也不带什么，唯独书带了沉甸甸的好几箱。她喜欢屋子里有满满的书，伸手就能读。喜欢把家具都布置得很紧凑，屋子里常年点着火盆，烧得暖融融的。她养鹦鹉，又等燕子，她喜欢动物，亲近自然。

曹雪芹很少直接写到黛玉的外貌、穿着，而常着力描写她的神情姿态，想必黛玉也是不大在乎这些首饰服装的女孩子。腹中有书气自华，她是以气质取胜的。

我从小就很爱逛图书馆或书店，也并不一定要读书，就是喜欢待在那个地方。走在一排排满满的书架中，手指摸着书脊，鼻尖嗅到书本散发出的油墨清香，就觉得内心深处有某个地方被安抚了。

长大以后，我一直想找到一支能完全还原图书馆气氛的香水。后来终于被我找到了，它就是 Tom Ford 的乌木沉香。它用到了沉香、小豆蔻、檀香和零陵香，都是非常沉稳的香料，最后调配出一种纯粹的书香气，唤起我童年时代第一次去图书馆的记忆，它的味道让人有安全感，知性、禁欲、自律、中正、有主见却没有控制欲。有人说这支香适合稳重的中年大叔，我却觉得它没有特别强调男性气质，年轻女孩如果用得好，会非常提升气质，远胜脂粉气息。

黛玉的房中不常摆花，那垒着满满的书的书房，想必终年散发着的，都是温和的书香气。但我想她的屋子里，除了书香，应该还有一种味道，就是药香。

黛玉体弱，旧疾常发，每天只怕药吃的比饭还多。五十二回里，宝玉在黛玉屋中见到一盆单瓣水仙，点着宣石，便极口赞："好花！这屋子越发暖，这花香的越浓。"黛玉却说："这是你家的大总管赖大婶子送薛二姑娘的……我原不要的，又恐怕辜负了他的心……我一日药吊子不离火，我竟是药培着呢。那里还搁得住花香来熏？越发弱了。况且这屋子里一股药香，反倒把这花香搅坏了。”

不知是不是受黛玉的影响，宝玉也爱上了药香。晴雯生病，宝玉命人就在屋里煎药，晴雯怕屋子里有药气，他便说：“药气比一切的花香果子香都雅，神仙采药烧药，再者，高人逸士，采药治药，最妙的一件东西！这屋里，我正想各色都齐了，就只少药香，如今恰好全了。”

宝玉曾经探进黛玉的袖子里，闻到一股幽香，黛玉却说自己从来不熏衣服，我当时就想，一定是药香熏的吧。本来，在中医里，药材和香料就是同源的，很多药材可以当成香料来制作熏香，很多香料也可以当作药材来治病。

药材的原料通常源自干燥的草木，闻之有淡淡的苦涩，但也通透幽静，正合了黛玉身上的“幽香”。我是非常喜欢药香的，每回到中药铺子里，都流连不去，就是为了多闻一会药香。甘草、陈皮、薄荷、金银花……种种药材混合在一起，变成一种暖中带凉的味道。比起西药的冷静和简练，中药因为这药香，也多了几分神秘浪漫的感觉。

而香水中的药香，通常是由广藿带来的。江淹曾在《藿香颂》中形容它的香味“摄灵百仞，养气青云”。广藿是种气味浓郁的树脂，也是常见的中药材，比如我们常见的“藿香正气水”中就有广藿。很多知名香水中都用到过广藿，比如老版的迪奥小姐、蓝毒、香奈儿的黑COCO，还有芦丹氏的婆罗洲等等。

但广藿通常都是作为平衡香使用的，它的味道沉，能够压住太飘或太腻的味道，能把整个香水的香频压低，显得沉稳而深邃。但广藿的味道也不是所有人都能接受的，它像咖啡一样，需要一个习惯和适应的过程，一开始可能很不喜欢，但适应之后，有时就会对它上瘾。

在二十世纪六七十年代，在欧美，对广藿香的追求达到一个狂热的状态。那是战后，嬉皮士盛行的年代，广藿的叶片和大麻很像，香味也有点类似，所以嬉皮士们就传说广藿香水也有麻醉作用，再加上它的味道有异域风情，神秘而浓烈，某种程度上特别贴合嬉皮士的精神，于是便红极一时。

让我印象最深的一支广藿香水，莫过于 Bois 1920 的"纯真广藿"，虽然我也是喜欢药香的人，但这支绝对是我不敢轻易尝试的中药香。它极大胆地加入了各种气味浓烈的东方香料，有麝香、艾蒿、桉树、安息香、劳丹脂等，但唱主角的无疑是广藿。香味很苦，像一种咳嗽药水，那味道留在身上就像人在藿香正气水里洗了澡出来一样，经久不散。

它的包装也极特别，挂霜的厚重玻璃瓶，上面还写了个1920，好像尘封多年的黑魔法药水，喝下去就会变大变小，起死回生。它应该是《哈利波特》里出现的道具，特别适合神秘高冷的，还带点颓废气息的人来穿，能够穿出一种巫医的味道，又或是掌握了与鬼神相通之道的，江湖术士的味道。

当然，黛玉屋里的药香，一定不是这么浓烈的。它应该是淡淡静静的，就像是 FM 的"雨后当归"。当归的香味，比起广藿，就柔和了许多，再加上雪松、杜松和粉红胡椒，就有了一丝透明又温和的感觉。

从前试过 Frederic Malle（简称 FM）家的几支香水，都是以醇厚和热烈而著名。唯独这一支"雨后当归"，不像是这品牌一贯的风格，温柔又古雅，是有禅意的淡淡药香。

它的味道，就像是走进一间小小的中药铺子，客人极少，屋子打扫得干干净净，柜子一格一格，井然有序的放着各种中药材。白衣少年眉目清秀，或看医书，或静静的捣药。笃笃的捣药声，又像庙宇中木鱼的敲击声。除此之外，再无声响。门前老树，在春天的阳光下，绽放了一树近乎透明的青翠，他就守着这间小屋子，远离尘嚣。

我个人最偏爱的一支药味香水，是 Diptyque 的三重水。它的主调是乳香和没药，用桃金娘和迷迭香柔化过，散发出十分清雅的药香与书香，沉静又祥和。

它让我想到初夏的长日里，黛玉正歇中觉，紫鹃则拿着小小的团扇，坐在小砂炉前替黛玉看着药。日色太长，紫鹃也困得睡眼惺忪，发着呆，不时打着瞌睡。细细的竹影微微摇曳，窗外传来一两声蝉鸣，把初夏的午后衬得更清幽，仿佛这个瞬间是永恒的，绝不会被打扰。

那是最好的时光，它纹丝不动，静静停留在岁月的最深处。在那里，黛玉不曾真正离去，她就像童话里的睡美人，嘴角微噙着一丝笑意，等待着被真爱唤醒。

她就这样天真的酣睡着，在这书香与药香之中。

# 宝钗的花园：

## 清芬草木香

已是春尽夏初了。

早晨起床，打开卧室的落地窗，窗外的花园里，经过一夜，被春雨打湿的草木。散发出幽幽的青草气，让人心情大好，想找个词来形容这种气味，就想到了宝玉为蘅芜苑所提的匾额"蘅芷清芬"。

薛宝钗的蘅芜苑，在大观园里算是一个异数。如果说，其他园林之美着力在视觉或听觉的打造，那么，宝钗的蘅芜苑之美，便是着力在嗅觉上的。

在十七回中，贾政曾带着众清客和宝玉游园，此时蘅芜苑还未有名称，它第一次亮相时，曹雪芹这样写道：

"且一树花木也无，只见许多异草，或有牵藤的，或有引蔓的，或垂山岭，或穿石脚，甚至垂檐绕柱，萦砌盘阶，或如翠带飘飖，或如金绳蟠屈，或实若丹砂，或花如金桂，味香气馥，非花香之可比。"

这个园子，让宝玉开心得不得了，他摇身一变成了植物学家，开始向众人一一介绍起园子里的植物：

"这众草中也有藤萝薜荔。那香的是杜若蘅芜，那一种大约是茝兰，这一种大约是清葛，那一种是金簦草，这一种是玉蕗藤，红的自然是紫芸，绿的定是青芷。想来《离骚》《文选》等书上所有的那些异草，也有叫作什么藿菵姜荨的，也有叫作什么纶组紫绛的，还有石帆，水松，扶留等样，又有叫什么绿荑的，还有什么丹椒，蘼芜，风连……"

正在忘乎所以之际，却遭贾政老爷一声断喝："谁问你来!"

也难怪贾政老爷要生气，宝玉这个家伙，从小就只抓些花粉胭脂，到了十几岁年纪，也从来不上心读四书五经，整天还是在这些花花草草上用心，贾政看他这样，难免来气。

其实，借游园过瘾的人，不止是宝玉，更是曹雪芹。他大概是太喜欢蘅芜苑了，在十七回没写够，到了第四十回，又借着贾母领刘姥姥和众人游园的机会，再次细写了蘅芜苑的景色：

"顺着云步石梯上去，一同进了蘅芜苑，只觉异香扑鼻。那些奇草仙藤愈冷愈苍翠，都结了实，似珊瑚豆子一般，累垂可爱。及进了房屋，雪洞一般，一色玩器全无，案上只有一个土定瓶中供着数枝菊花，并两部书，茶奁茶杯而已。床

13

上只吊着青纱帐幔，衾褥也十分朴素。"

如此暗香浮动的神仙庭院，连贾政都赞叹道："此轩中煮茶操琴，亦不必再焚香矣。"但宝钗似乎不谈琴，也不热衷茶道。两次游园，我们可以很清楚地看出，蘅芜苑有三大特色：一是苍翠无花，只有各种奇草仙藤；二是有异香，远非花香可比；三则是简素，从园子到屋子，没有太多人工的装饰，这三条也相当符合宝钗的性格。

为了宝钗，我特别查了与"蘅芜"有关的资料，"蘅芜"应该是杜蘅和蘼芜两种香草的统称，屈原在《九歌·山鬼》中曾提到过杜衡，"被石兰兮带杜衡"。而"蘼芜"，古乐府中则有一首长诗《上山采蘼芜》写道："山上采蘼芜，下山逢故夫。"它在古代是妇人们经常采摘、阴干，用以填充香囊的一种常见的香草。

晋代王嘉曾在《拾遗记五·前汉上》中写道："帝息于延凉室，卧梦李夫人授帝蘅芜之香。帝惊起，而香气尤著衣枕，历月不歇。"这里写汉武帝的宠妃李夫人死后，他时常思念，有一晚梦见李夫人授其蘅芜香草，醒来枕上尤有余香，而且这香味留存了数月之久。

留在枕上的，与其说是香草的味道，不如说是汉武帝的思念。正所谓"行宫见月伤心色，夜雨闻铃肠断声"。夜雨时分，是最容易思念故人的时候，而蘅芜杜若，也是在雨后，香气会变得更加明显，还带着雨后特有的凉意的惆怅。

把雨后香草的这种意境，表现得最贴切的，莫过于爱马仕的"雨后花园"。

雨后花园，也被称为印度花园，瓶身微蓝，有如雨后放晴的天空，令人想到两句诗："雨过天青云破处，者般颜色作将来"，这两句诗，本是形容早已失传的柴窑的釉色，但现今，已经很少有人知道，传说中的"雨过天青云破处"是什么颜色了。"雨后花园"瓶身那美妙的渐变蓝，倒是非常配合这首诗的意境，可见，瓶身的设计师，可能对东方文化确实下过一番苦功钻研。

这只香水，有湿漉漉的前调，显得非常通透。仿佛雨后，空气中还飘散着花瓣揉碎的清甜，还有带着露水气息的草香。到了中调，香味渐渐回暖，可以感受出在香料的调配上使用了暖性的味道，一看果然不错，芫荽、豆蔻、姜和胡椒，这样的使用堪称大胆，可是由于比例掌握的实在好，所以并没有觉得突兀，反而给人愉悦和洁净的感受。

整支香水能让人充分感受到由冷到暖的渐变，到了尾调，则透露出一丝微微的辛辣，充满勇气，令人感动，就好像一岁一枯荣的野草，那些短暂而倔强的生命。在这种香气里，闭目冥想，仿佛已站在了春天万物新生的草原上。

爱马仕的花园系列香水，一共五支。除了雨后花园，还有尼罗河、地中海、屋顶花园和李先生的花园。每一支都各具特色，表现不凡。无论从艺术格调的高度，还是从日常实用的角度来说，都是非常优秀的一个系列。

这套香水，之所以大获成功，还是要归功于它的掌门人

——传奇调香大师 Jean-Claude Ellena（简称 JCE）。他推出的经典作品数不胜数，比如梵克雅宝的 first，宝格丽的绿茶，这两支香水直接催生了品牌的香水线。他与爱马仕合作之后，更是大放异彩，手下诞生的名作诸如大地、云南丹桂、琥珀烟云等等，都是香水市场上长盛不衰的典范。

JCE 的了不起在于他一手将香水的风气扭转了，或者说他将用香这件事的格调拔升到了灵修的层次也毫不为过。早在二十世纪，香水界的霸主是以娇兰为代表的一众老香，气味厚重，气场强大，那种存在感极强烈的香水，总让我想到张爱玲在《红玫瑰与白玫瑰》中写到的王娇蕊的那身长袍，"她穿着的一件曳地长袍，是最鲜辣的潮湿的绿色，沾着什么就染绿了。她略略移动了一步，仿佛她刚才所占有的空气上便留着个绿迹子。"老香水的香气，也便是如此，讲究的是人过留香，余味萦绕的意境。

而香水，到了 JCE 这里，开始走了极简风格。他非常喜欢草木天然的清新香气，特别偏爱温柔幽远的药香。他的香水，总是淡淡静静的，丝毫不打扰人，哪怕用了很多，也只在旁人凑近的时候，才能闻到若有似无的一缕香，像低语，像一次微微的蹙眉，无声无息，却又意味深长。

曾经在一部关于香水的纪录片里看到 JCE 的访谈，对他的工作状态心向往之。他住在山中的一所房子里，每日与清风白云为伴。他的身上有种平淡温和的气质，每日的生活也非常安静和简单，他说调香师不仅需要保持嗅觉的洁净，也要保持与天地万物共通的敏感的心。

他触摸砖石和金属，触摸水与纸张，他说万物有不同的材质，会带给人不同的触感。香味也是一样，柔软的，或坚硬的，热的，还是冷的，这些都能激发出大脑的反应，如果调配得当，就像一曲和谐的音乐，会带给人愉悦的享受，唤起内心早已忘却的情感。

他的助手，每日要帮他清理小样，因为每一支最终确定的香水，他都会调制出上千个小样，反复斟酌，最终确定成品。这种对品质细微到毫颠的完美主义，让他一出手就极为精准，作品卓尔不群，却又不会难以理解，他让爱马仕的香水拥有了自成一派的风格。

花园系列是 JCE 调香史的又一个高峰。尤其是尼罗河花园，令很多从来不用香水的人，也成为不折不扣的香迷。我曾经在香评中这样写到尼罗河花园：

"尼罗河，JCE 在亚洲最受追捧的作品，特别文艺，特别森女。由始至终是淡淡的草药香，清淡到几不可闻，却又令人上瘾。那像是曾经痛彻心扉的失去，最终放下了，领悟了，在时间里抚平了，但伤痕还在那里，永远在，不痛，只是微苦并有清香，好像一声轻轻的叹息。"

而我最近，在花园系列中的最爱，被 JCE 的收官之作取代了，那就是——李先生的花园。它的创作灵感，来源于中式园林，JCE 说，"李"这个姓氏在中国极其普遍，但却一点也不普遍，它曾经是代表了中国文化艺术巅峰的大唐王朝的皇室宗姓，算得上是中国的万姓之首，帝王之尊。

可是，岁月流传，到了今天，曾经的太液芙蓉未央柳，都已经在历史中远去了。我们不可能看到曾经的楼台与宫殿，可是仍然能在"李先生的花园"这一支香水中找到梦回古典园林的美，JCE 说："我愿每个人能都拥有一种普世的李先生情怀。在李先生的花园里，我记得那池塘的气味、茉莉的花香、湿润石子的味道，以及那李子树、金桔和巨竹的芬芳。连池塘里的鲤鱼都慢悠悠的活了一百年。花椒丛和玫瑰花丛一样的多刺，叶子散发出淡淡的柠檬香。"

李先生的花园，给我的感觉正是各色说不出的奇妙香草，时而清凉如薄荷，时而幽远如月色，对于不爱花，只爱香草的宝钗来说，这支香让她来穿，就最合适不过了。


宝钗不喜花，在第七回里，薛姨妈请周瑞家的去送纱花给各房姑娘，就说到宝钗："宝丫头古怪着呢，他从来不爱这些花儿粉儿的。"故此她住在"蘅芜苑"这个无花之所，也是相得益彰，她连名号也是"蘅芜君"。

宝钗不仅不喜欢花，而且明艳的色彩也都不喜欢，在《红楼梦》中，除了寡妇李纨因为身份不能穿红以外，唯一不穿红色衣裳的，也就是宝钗了。曹雪芹在书中多次借他人之口，一再描摹宝钗的美貌。第五回，宝玉眼中的宝钗："脸若银盆，眼同水杏，唇不点而红，眉不画而翠，比林黛玉另具一种妩媚风流。"四十九回写道"你们成日家只说宝姐姐是绝色的人物"。六十三回，则更是明白的在花签的批词中指出宝钗是牡丹，艳冠群芳。

可是，正像薛姨妈说的，宝钗有些古怪，明明是个肤白貌美的贵族小姐，对打扮之事却不大上心，衣服总穿得半新不旧，生活的十分简净，屋子里如雪洞一般："一色玩器全无，案上只有一个土定瓶中供着数枝菊花，并两部书，茶奁茶杯而已。床上只吊着青纱帐幔，衾褥也十分朴素"。豆瓣网友雾港曾经打趣说："其实大家都没懂，宝钗玩的那套可前卫了，不正是当代最流行的日式性冷淡，断舍离风格吗？宝钗，一个领先了潮流数百年的家居达人。"

雪洞一般的屋子，正如宝钗之心，冷静自律，她如山中高士一般，恪守着物质的简单清贫，以至于平时一向和气的贾母，看到她的屋子，都批评起了宝钗："离了格，犯了忌讳。"富贵逼人的皇商家庭，却出了这么一位端方简净的大小姐，真是鲜明的反差。

宝钗身上，处处是断舍离，是空无。顾城说："宝钗的空和宝玉有所不同，她空而无我，她知道生活毫无意义，所以不会执留，也不会为失败而伤心；但是她又知道这就是全部的意义，所以做一点女红，或安慰母亲，照顾别人。她知道空无，却不会像宝玉一样移情于空无，因为她生性平和，空到了无情可移。她永远不会出家，死，或成为神秘主义者，那都是自怜自艾之人的道路。她会生活下去，成为生活本身。"

山中高士晶莹雪。

任是无情也动人。

这两句诗，可堪称是非常美丽的诗句了。也精准的写出了宝钗的性格，她是外热内冷的，或者说是外儒内道的，她住的地方像雪洞，身上带着一把锁，吃的药是冷香丸。她是一个谜一般的女子，虽然每个人都觉得自己可以亲近她，因为她是那么温柔可亲，从来不发脾气，但是也从来没有一个人真正走进过她的内心。

对宝玉来说，她是神秘的，永远像住在高山上的隐士，纯洁，无可挑剔，却不能近身。她是无情的，或者说从来不肯把心中的情绪展露在人前，而正是这一份无情，成就了宝钗那份独特的动人。

可是，不要忘了，虽然黛玉是宝玉的知己，可是真正点化了宝玉悟道的人，却是宝钗。是宝钗念的一支《寄生草》："没缘法，转眼分离乍。赤条条，来去无牵挂。"只这一句，让宝玉心中一静，懂得了什么是由色悟空，也是这一句的点化，也才有了他最后跟随一僧一道远离尘嚣，消失在大雪中的结局。

每当想起这样的宝钗，想起她在蘅芜苑里盈盈独立的身影，也就会自然的想起"李先生的花园"里那冷冷的香气。那是当一切人声都退潮以后，你和自己独处的滋味。夜风微寒，夜露微湿，人也觉得有点疲惫了。

剥离掉白天人们对你的打量，剥离掉世人对你的期待，你可以轻轻摘下面具，披上一件外衣，走进满院无花的碧绿的园子里，在微寒夜色中，斟杯清茶赏月，有一丝寂寞梧桐深院，锁清秋的意味。

淡极，却很冷艳。无情，却很动人。

# 妙玉的庙宇：

## 修行的真意

　　红楼中有四个"玉"，黛玉、宝玉、妙玉、蒋玉菡。曾有人认为，"玉"的谐音其实就是"欲"，四个人代表的是普世人间的四种不同欲望。而我更倾向于接受王国维先生的解释，他认为这个"欲"就是叔本华所说的"will"，一种生存的意志，生存意志制约和支配着人的行动，人要疲于奔命，不断地满足内心的欲望，所以才产生了种种的痛苦与烦恼。

　　妙玉，不知是否化名自"庙宇"，她倒真的是把自己活成了一座活庙宇。黛玉有幽香，宝钗有冷香，若是妙玉身上也有香，我想一定是庙宇里那终年不散的檀香味吧。

　　长久以来，我都在寻找一种纯粹而逼真的檀香味的香水，后来找到了，就是蒂普提克的"檀道"。这种香味，不是烟熏火燎的能把人呛晕的喧闹檀香，而是类似小时候用过的檀香扇的幽香，在一阵阵细细的香风里传过来，很幽远，有清凉感。

像是虔诚的信徒，在家中辟出一间小小佛堂，早晚都去坐一坐，定定神。把它喷在手腕上，也有同样的作用，心烦时以手扶额，就有一阵幽香传来，心就定了。人们总说薰衣草是宁神的，但它对我无用，能让我安静的，就是这种幽暗而低调的檀香。

但是把檀香，真正做出了修行的境界的香水，是阿蒂仙的"梵音藏心"。常有人把梵音藏心和檀道进行对比，因为都是将焚香和檀香作为主调，也都是宗教主题的香水。

但是两者的区别也是很明显的，檀道的味道更偏向禅宗，是比较轻灵超逸的，而"梵音藏心"确实香如其名，是更偏向藏传佛教的味道。

据说它的灵感来源于不丹的寺庙，在庙宇焚香的基础上，它更多的加入了香辛料，使得整支香水更具有野蛮、粗糙和原始的意味。

它有点苦，有风沙的粗粝感，就像长途跋涉在朝圣路途上的僧侣，他的身上有因为长期焚香礼佛而萦绕不去的香气，也有一路风尘仆仆的灰尘气息，更有夜间自己点起篝火做饭而残留的松林草木炭火的气息。

他或许还有一只鹰，就像他的心，飞翔在雪山和蓝天之间，终于找到了能够容纳他的广阔天地，他在这里，终于找到安宁与自由。

妙玉，在红楼中显得如此出尘脱俗，正是因为她身上的宗教性。她在十二钗中本应该是最没有"欲望"的人，是个槛外人，但是她却占有了这四玉其中之一。妙玉是一个充满矛盾的人物，从她所有的判词中都可以看出这种矛盾：洁与不洁，空与不空。

青山山农曾在《红楼梦广义》中如此评妙玉："妙玉外似孤高，内实尘俗。花下听琴，自诩知音，反忘来路。情魔一起，而蒲团之跌坐，尽弃前功，内贼炽斯外贼乘之耳。物必先自腐，而后虫生之；人必先自乱，而后盗劫之。"

这话评妙玉，稍嫌狠了些，但是大方向没错，算是对"欲洁何曾洁，云空未必空"的注解。妙玉，虽然身在空门，却心在尘世，表面清寂，其实心欲炽盛。她是大观园里专职修行的人，而她却也恰是最不懂得修行真意的人。

妙玉的性格也是一奇，不知是从小就在尼姑庵中长大、养成的，还是天生便如此。她像黛玉，却比黛玉更孤僻；像惜春，却比惜春更古怪。妙玉对贫苦老人刘姥姥深恶痛绝，这与贾府一贯的"怜老恤贫""宽柔待下"的宗旨不同，更与佛门反复宣扬的"慈悲为怀""普度众生"大相径庭。

妙玉常"自觉处处与人不同"，说明她有强烈的分别心，虽然是个尼姑，却非常喜欢出风头。喝个茶，要特别用梅花上的雪，还要顺便打压黛玉一头，"你竟是个大俗人"显示出自己品位的高雅不俗。喝茶的器皿，也是极尽炫耀之能事，名字古怪，来历奇特，总不肯好好拿个正常杯子来喝。

她的续诗，用尽生僻字眼，什么"飗飏朝光透，罘罳晓露屯"，好像唯恐别人看懂了，就显不出她有学问，显不出她的卓尔不群来。她批评黛玉的诗"过于颓败凄楚"，想用自己续的诗"翻转过来"，结果她续的诗却更加冷僻诡异，把原来诗中的那一种天然诚朴的味道都给搅和没了。

黛玉和湘云夸她是诗仙，多半是深知她的性格，不想得罪她。但在读者看来，说她的诗，是"狗尾续貂"也不为过。

林语堂曾经说他最讨厌妙玉。的确，妙玉的所为，很难让人喜欢。但我总觉得，她这奇怪的性格养成，背后是另有隐情。她对刘姥姥的嫌弃憎恶，与其说是道德上的故作清高，不如说是一种矫枉过正的自我保护。

妙玉为什么如此讨厌刘姥姥？其实她是在划清界限。本质是，她和刘姥姥没什么不同，都是依靠贾府求生的人，刘姥姥能放下脸面让人取笑，妙玉可做不到。她和采买的 12 个小尼姑一同来到贾府，和梨香院中养的 12 个戏子，也没多少区别，都只是大观园里的基本配置，只是点缀园子风景的摆设而已。

她喝个茶也不惜大动干戈，搬出自己全部的身家，各种古董、梅花雪，来向贾府证明，我有的，你们家都还未必有，我懂的，你们也都未必懂。你们应该仰视我，尊敬我，不能慢待我。

她富贵过，骄傲过，如今又没落，这种落差是最让人痛苦的，所以她养成一种孤傲，一切人我都看不起，不是你不要理我，是我根本不要理你。

替妙玉想想，她的处境也难。如果她不是这么凛然的与人划清界限，那么她就很可能沦为水月庵中的小尼姑智能儿一样，成为被贵族公子哥们染指调戏的玩物。她在一个"只有门口的石狮子才干净"的地方，但凡稍微和善一些，好相处一些，凭她的美貌，只怕就要被贾珍、贾琏，或是薛蟠之流盯住不放。

环境，会塑造人的性格。这种不上不下的尴尬处境，让妙玉既不屑与刘姥姥这样的贫者为伍，怕被划为一类，更不能与贵族们太过亲近，恐有拍马屁之嫌。尴尬的妙玉，不知如何自处，索性一概不与来往。

正如宝玉所说"万人不入她的目"，而这也就意味着，她同时也不入万人之目了。最后，妙玉的处境，自然的就变成了"才高人愈妒，过洁世同嫌"。她宁可被人诟病是"假清高"，也不能让人看扁，被人欺负。茫茫尘世里，父母双亡的妙玉，无可依傍，她是孤女，能够保护她的，唯有她自己。

妙玉决绝，把贾母一行人送出山门后，回身就立刻关门，连基本的礼数都不管了。其实，她关的哪里是山门，她关上的，分明是心里的门。

她的心，正像那一座陇翠庵，庭院深深，山门紧闭，把无边的翠色和生命力都笼在冰冷的院墙之内。那院墙就是她的盔甲，她的硬壳，是她隔离这个肮脏世界的屏障，因为她内在太柔软，害怕受伤。

陇翠庵里那一树的雪里红梅，兀自在院墙之后，不甘寂寞的探出头来。她的出家，实在非己所愿。她不像惜春，是看惯了"春荣秋谢花折磨"，了悟到了"生关死劫谁能躲"之后，主动避世，而是因为自小多病，命运把她逼上了一条去往"槛外"的不归路。

她未曾经历过"色"，哪里能真正懂得"空"。她对世俗生活有好奇、有向往，会在中秋时一个人溜出来赏月，偷听黛玉和湘云联诗。她是因病出家，带发修行，这未曾剪断的三千烦恼丝，想必还为今后还俗留着退路。

谁都打不开的门，却唯独宝玉能开，不但能开，还可以要到庵中的红梅，这冷冷的冰雪中的红梅，就像外冷内热的妙玉心中的感情，是炽热的、鲜艳的，如火如荼，却又只能深锁重门之内，能采摘者，唯宝玉一人而已。

宝玉之所以能够采摘这红梅，我倒不觉得全因为儿女情长，而是因为宝玉性格中的那一份温柔和体谅。黛玉和宝钗，看似与她关系不错，其实对她是敬而远之的，虽然喝了体己茶，却没有体己话可说，知她天性怪癖，不好多话，亦不好多坐，吃完茶，便约着走了。

　　只有宝玉还留下来，和妙玉讨论那个杯子的事，妙玉说杯子脏了要扔掉，宝玉赶紧从旁建议她，送给刘姥姥，卖了换钱度日。虽然宝玉也觉得妙玉狷介太过，但他完全体谅妙玉的处境，只有温和的建议，而并无一句批评，并且他还非常体谅的加了一句"要不要我找几个小厮来把你的地洗一洗"，还对妙玉说，杯子交给他就好，他转交给刘姥姥。

　　宝玉不但体贴刘姥姥的贫苦，也同时体贴着妙玉的骄傲之苦，他的这种温柔，其实才是真正的佛心，而自称"槛外人"的妙玉，一生苦苦修行，却始终修不来这一份慈悲、共情，修不来这一份无分别心。

　　所以，妙玉在心底把宝玉引为知己。我倒不觉得她一定暗恋宝玉，但是她确实在宝玉身上，看到了某种可贵的东西，是她自身所没有的。黛玉、宝钗、湘云、惜春，看似都是妙玉的朋友，但她们过生日的时候，她都没有动作。唯独在宝玉生日的那天，她郑重的寄了一张帖子，遥叩芳辰。

　　她过于爱清洁，而宝玉却常自认是浊物，最后却清浊翻转，妙玉是"风尘肮脏违心愿"，而宝玉却入了空门，别了世人，走入一片茫茫大雪之中。

　　说到底，来人间一遭，未必都要进了空门，才是修行。妙玉是修行，宝玉也是修行，修的是温柔和慈悲，修的是看破和洒脱，修的是断舍离，修的是大隐隐于世，怀抱出世之心，却又照顾着世间未曾解脱的众生。

这修行的真意，妙玉不懂，她困在自己的骄傲之中，怕沾染了世俗的风尘。宝玉或许懂一点，但也是懵懵懂懂。他天生有佛心，但就像顽石里的璞玉一般，未曾真正开凿。

我同情妙玉的另一个重要原因，是她身上有曹雪芹的影子。曹雪芹懂得妙玉，是他和妙玉一样家败人亡，流落到寄人篱下的处境之后，才真正懂得的一种痛楚。那时的曹雪芹，大概才明白妙玉身上为何有那么多格格不入的，叫人硌得慌的硬刺，因为心太热，反倒成了孤寒。

而妙玉的命运，也是大观园的一个缩影。"无瑕美玉遭泥陷""风尘肮脏违心愿"的又何止是妙玉？根本是整个大观园。覆巢之下，难有完卵，在清净理想的世界破灭以后，所有人都不得不流入现实世界最龌龊的角落中去。

每个人身上，也许都有妙玉的一面，只看你身处怎样的命运之中。曹雪芹在养尊处优之时，是可以如宝玉一般嘻嘻哈哈、没心没肺的，但当他如同妙玉一般，没落到只能寄生在达官贵人的府邸中，做人门客的时候，也许他就成了另一个妙玉。命运对性格的塑造，从来是不容小觑的。年少时的曹雪芹，遇到妙玉的时候，也许曾经在心中有过臧否，但如今在风尘肮脏中提笔书写的他，大概才真正的懂得了她，对她充满理解与怜惜。

# 探春：

## 玫瑰深浅两般红

　　有人曾经统计过，《红楼梦》里到底出场了多少人物，答案让人吃惊：975 个。而其中有明显戏份的，能表现出自己鲜明性格的人物，就起码有 100 多个。这么多人物，能写得各个都不同，是非常了不起的，且曹雪芹有一个特点，就是他从来不跳出叙事，也不曾忽然从作者的角度插一段评论品评人物，这一套却是西方小说里常见的手法。

　　但曹雪芹不用这个方法，他只讲故事，白描，让你们自己看。这样能够加深入戏感，不然作者一出场，读者就会醒悟：哦，这不过就是个小说嘛，后面还有个开着上帝视角的家伙呢！

　　所以，曹雪芹本人的观点，从来不在书里流露，但这就使塑造人物个性的工作难上加难了。但是，这也难不倒曹雪芹，他用了一招，借书中人物之口，来品评其他人物，作者就可以躲在幕后，给人物做更深一步的上彩和描画了。而且，通常曹公安排的人物，都是书里极不起眼的小人物。

很典型的一出，就是"冷子兴演说荣国府"，这是借周瑞家的女婿冷子兴之口，让读者一窥整个小说的背景，还有后来的"葫芦僧判断葫芦案"也是同样的手法，交代了四大家族势力鼎盛时期，盘根错节的复杂关系。冷子兴和葫芦僧，在书中都是极小极边缘的两个人物，出场的目的，也基本上就是曹雪芹的一个面具，为了借他们的口，给读者交代和铺排一些重要信息。

随着故事的推进，到了六十五回，主要人物该出场的都出来了，重头的戏份也都差不多演过了，这个时候，曹雪芹就觉得有必要给个评论和总结了。他在这里又选了一个小人物，借他的口来跟读者对话了。这个小人物是谁呢？就是贾琏的小厮，兴儿。

这个兴儿也安排得非常巧妙，他这些话说给谁听呢？尤二姐一家。因为他们不是贾府里的人，完全不知晓贾府的情况，但他们的命运却又与贾府息息相关，所以想要知道这些事，是最正常不过的了。放在别处说都不合适，只有这里说，这个人说，才最应时，也最自然合理。

恰好贾琏因有急事去了，尤二姐得了闲，于是就听兴儿品题起贾府里的奶奶少爷们。看似是闲话，其实这是非常重要的一回，在红学人物的研究里，兴儿给这些人物下的评语，也都是非常重要的参考资料。

兴儿虽是个下人，但很机灵，语言特别有趣，对每个人物的形容又准确又生动。比如评王熙凤"嘴甜心苦，两面三刀，人家是醋罐子，她是醋缸，醋瓮"，评迎春是"二木头"，最绝的是说黛玉和宝钗："两位姑娘都是美人一般的呢，又都知书识字，或出门上车，或在园子里遇见，我们连气儿也不敢出。怕气大了，吹倒了林姑娘；气暖了，又吹化了薛姑娘。"

他评探春，也评得极好：

"三姑娘的混名叫'玫瑰花儿'，又红又香，无人不爱，只是有刺扎手。可惜不是太太养的，'老鸹窝里出凤凰'。"

可不是吗，探春小姐虽然后来在群芳宴里抽了花签，得的是"杏花"，但在我心里，始终觉得兴儿口中的这个"玫瑰花儿"才最配探春，杏花那娇娇弱弱，一场风雨就飘零如雪的样子，实在和探春小姐的模样性格不般配。曹公让探春抽到了杏花签，也不过是为了那一句"日边红杏倚云栽"，暗示她将来要成为王妃的命运。却倒不是说，杏花本身和探春有多少相似之处。

说来探春的确是有刺的，她身上这刺，一半是因为倔强要强的天性，一半也是因为那个不争气的生母赵姨娘。探春和黛玉有一些相像之处，黛玉是因为寄人篱下，所以格外敏感。探春呢，虽然她是贾政的亲生女儿，但到底是庶出，而且还是这么一个没皮没脸的赵姨娘所生。看看她的亲兄弟贾环就知道了，还是个男孩，就因为自己不争气，不尊重，格外讨人嫌，在贾府里无人看得起，就连丫环、下人们也都不当他是个爷。

探春身为女孩儿，按理说地位本该还不如贾环，但她自己给力，聪明、自爱、读书上进，是个一等一的人物，算是把出身不好的这点劣势给洗净了。但内心里对自己的地位和处境总有那么一点自卑与不踏实，所以就格外要脸，自尊心格外的强。

抄查大观园的那一回，探春一战成名。每个院子都挨次查过去，基本没遇到什么阻力，就是到了探春这里，行不通了。她厉害，堂堂正正的一番话，就把那帮仗势欺人的老婆子镇住了，就算打着王夫人的名义，照样不敢动她分毫，连凤姐如此厉害的人物也得让她三分，陪着笑脸，劝了好一会子。

一个老婆子不知好歹，上去扯了她的袖子，她登时就一个耳光扫过去，还说"我但凡有气性，早一头碰死了！"看这一身的玫瑰花刺，根根倒竖，令人生敬又生畏，就是男儿，只怕也没这份血性。

探春，也对贾府的男人们恨铁不成钢，她总说："我但凡是个男人，可以出得去，立出一番事业来，那时自有一番道理。"想来，探春要是个男孩，一定能成为贾政的左膀右臂，撑起贾府的大梁，但那个时代，虽然她是"才自精明志自高"，到底还是"生于末世运偏消"。

后来，也就探春有这个胆识，愿意远嫁到南方去当王妃。有人考证过，大概是越南或印尼，总之从此远渡重洋，与亲人分离了。在别人看来，或许有些伤感，但对于探春来说，未必不是好事，她从此可以给自己"立出一番事业"，也从此可以彻底斩断那曾让她备受耻辱的"庶出"的身份，也从此远离了那一对不长进的生母和亲弟弟。

除了在兴儿口中被称为"玫瑰花"，探春与玫瑰的交道，我还记得有一回，就是五十六回"敏探春兴利除宿弊"里，探春授命协助管理大观园，这一回也显出她的手段，雷厉风行，精明厉害毫不输给凤姐。

她在大观园里搞起了"承包责任制"，一个个园子捋过去，看有什么值钱的花草。说到怡红院的时候，李纨告诉她："怡红院别说别的，单只说春夏两季的玫瑰花，共下多少花朵儿？还有一带篱笆上的蔷薇、月季、宝相、金银花、藤花，这几色草花，干了卖到茶叶铺药铺去，也值好些钱。"可见，大观园里也是种了不少玫瑰花的。

探春的性格，的确像玫瑰，而且是血色的红玫瑰。她就是这么一种有傲骨的花，本质上它是不可亲近的。如阿多尼斯诗中写到："什么是玫瑰？为了被斩首而生长的头颅。"可是因为爱玫瑰的人太多，渐渐将玫瑰弄得俗气起来，一到情人节就玫瑰满天飞，但虽然如此，玫瑰仍然是玫瑰。

美国女诗人 Gertrude Stein 曾说："Rose is a rose is a rose is a rose"，莎士比亚也同样写到："名字有什么重要？

就算把玫瑰花叫作别的名称，它还是照样芳香。"

是啊，关于玫瑰，你还能说出什么溢美之词呢？它本身即是美，美得无可置疑，能够形容它的美丽的，唯有它自己。一朵玫瑰，就是一朵玫瑰，不可能是其他的什么。

提到玫瑰，我总会想起拿破仑的皇后约瑟芬。她也是一个极具传奇色彩的女人，她出身平平，却因为美貌和过人的手段，很年轻就成了当时巴黎社交圈炙手可热的名媛，人送外号"小玫瑰"，她曾经是法国督政官保罗最宠爱的情妇，后来又在保罗的推荐下，嫁给了拿破仑为妻。

在大卫的那张传世名画《拿破仑一世加冕大典》中，我们得以一见约瑟芬的美貌，她雪肤红唇，明艳端庄，虔诚的从皇帝手中接过皇后的桂冠。虽然这幅画描摹的是拿破仑的加冕礼，但无疑约瑟芬才是画面的焦点，她占据了全画最中心的位置，艳光四射，让观众的眼睛无法离开她。

拿破仑也非常爱她，即便在战争中也写过许多动人的情书给她，可是约瑟芬毕竟曾经是交际花，也许是不耐寂寞，很快她有了新的情人，被拿破仑知晓后，两人的婚姻就此破裂。

在与拿破仑离婚之后，她沉迷园艺，尤其迷恋玫瑰花。她本就出生于一个种植园主的家庭，精于此道，此时更是买下了巴黎郊外的马勒梅松城堡，又请来了当时最有名的植物学家彭普兰德，做她的私人植物顾问，花费巨资收集世界各地的珍稀玫瑰，几十年的时间里，她在古堡中栽植了 3 万多株珍品玫瑰，把古堡变成了一片玫瑰之海。

她还专门请来擅长绘制植物图谱的画家，当时被盛赞为"花之拉斐尔"的雷杜德，专门为她的玫瑰绘图造册，后来就有了那本举世闻名的《玫瑰圣经》，我曾在上海的浦东图书馆里翻阅过此书，瑰丽华美，令人难忘。

然而，我对这本书最深刻的印象，却是在电影《好奇害死猫》里，刘嘉玲演的那个冷静又狠辣的杀手太太，杀完了人，面带微笑的回到她的玻璃花圃中，静静地坐在阳光下读这本《玫瑰圣经》，血一样鲜艳的玫瑰，令人不寒而栗。

约瑟芬的后半生，没有再离开过这座城堡，大约只有在这一片玫瑰的簇拥之下，约瑟芬才能不断重温往日的盛景。她日日夜夜徘徊于此，在这四季都被玫瑰香气笼罩的园子里，在这美得不像人间的仙境中，她远离了红尘的纷纷扰扰，她一手造出这柔软如丝缎，广阔无际的玫瑰之海，大约只为着寄托自己那颗寂寞的芳心吧。

不知约瑟芬用的是什么香水，现在已不可考，但想来一定是玫瑰调的吧。如今还能找到的香水中，我想大概没有比卢丹诗的"玫瑰陛下"更衬她的了。这支香的味道十分古典，荔枝和蜂蜜的衬托使它的味道整体有些偏甜，强调出妩媚的女人味，非常像早年的约瑟芬，凭借美貌纵横于巴黎社交圈。

但最令人讶异的是，这种甜非但没有弱化玫瑰的力量感，反而将玫瑰里偏木香的一面充分展现出来了，变得浓郁而气势夺人。它有种说一不二的任性味道，然而又有神采奕奕的生命力，留香很长，而且很抢镜，像是全盛时期的约瑟芬，存在感之强令人无法忽视。

我曾把这支"玫瑰陛下"喷在衣服上，发现在往后的好长一段时间里都很难再穿其他香水，即便这件衣服洗过好几水，香味也依然固执，盘踞不散，很有君临天下的女王范儿。就像拿破仑，虽然后来又娶了其他女人，但心里还是爱着约瑟芬的，甚至在她去世之后，仍到她的坟前痛哭一场。她就是有这个本事，如同这支余味悠长的"玫瑰陛下"，能让这个征服了世界的男人，始终对她念念不忘。

在我的印象中，另一个深爱玫瑰的人，是里尔克。

里尔克，世人称其为"被玫瑰刺杀的诗人"，他在51岁时得了罕见的败血症，病因就是他当时在花园里采玫瑰，被刺伤了手，之后伤口感染扩散，以至于两臂瘫痪，终于不治。真不愧是诗人啊，"玫瑰花下死，做鬼也风流。"

里尔克一生爱玫瑰，写了很多与玫瑰有关的诗，甚至在死前，他还选了一句玫瑰诗作为墓志铭："玫瑰，纯粹的矛盾。喜悦是无人的睡眠，在那众多的眼帘下。"这句扑朔迷离的墓志铭，到现在，仍然是文艺界的经典谜题。

里尔克是浪漫的诗人，想必也会有用香水的习惯。他会用玫瑰调的香水吗？如果选一支玫瑰香水给里尔克，我一定会选 MDCI 的五月心。因为里尔克曾在 1904 年的五月里，写信给一位年轻的诗人卡普斯，他写到："好好的忍耐，不要沮丧。你想，如果春天要来，大地就使它一点点的完成。"

五月心，是我闻过的最温柔的一支玫瑰香。它正像春天在一点点的来临。五月，在高纬度地区，才刚到初春，空气中还有微寒，刚出芽的草木带着羞涩的清香，玫瑰花苞已经初初开放。

温润的春风，把玫瑰的香味从远处悠然的送到鼻尖。就像里尔克的信，带着贴心的暖意，从远方寄到，一字一句，温暖着一位年轻后辈诗人的心。当时的里尔克已经名满天下，但他的信中，却充满耐心和鼓励，丝毫没有居高临下的指教，正像这支五月心，柔和，淡雅，却又饱含力量与生机，温暖人心。

玫瑰太美，不但里尔克爱它，它也一直是调香师的宠儿。玫瑰精油，至今还是最昂贵的精油之一，单说保加利亚出产的玫瑰精油，4500 公斤的玫瑰鲜花才能萃取到 1 公斤的精油，价格堪比黄金，但也挡不住调香师和爱香水的人们对玫瑰的迷恋与追捧。

天然玫瑰精油的香味，是无可取代的。现代科学分析出玫瑰的香味中有 400 多种气味分子，有木香的沉稳，也有花香的妖媚，气味复杂多变，仅仅因为产地的不同，玫瑰的香味就能呈现出各种形态：俄罗斯玫瑰柔和，印度玫瑰单纯，埃及玫瑰醇厚，土耳其玫瑰甜蜜，保加利亚玫瑰圆润，摩洛哥玫瑰张扬……

玫瑰，可妩媚亦可庄重，可幽暗亦可明亮，可以甜美如少女，也可以大气如女王，可塑性极高，全凭调香师一双妙手调化。

我自己偏爱的几支玫瑰香水，大多是极有性格的。比如Annick Goutal 常胜不衰的那支"微醺玫瑰"，它是一支很美的带着红酒香气的玫瑰。红酒是玫瑰的绝配，那一点微醺的酒香，完全衬托出玫瑰的娇艳妩媚。它总令我想起跳弗拉门戈的西班牙舞娘，一手提起深红裙摆，骄傲的扬起下巴，鬓边一朵红玫瑰，红得那么热辣、醒目、风情万种。

她的大眼睛永远黑沉沉的，如深渊、如梦境，看一眼就会坠跌，此生不复醒。故这支香水另有一个名字："要么今夜，要么永不"。看，多直接的诱惑，爱恨分明，杀伐决断，从不手软，这就是玫瑰应该有的气度，从不拖泥带水。纵使沉醉，也能抽身而去，纵使伤人，也能叫人永志难忘。

然而玫瑰，也不总是不可一世的样子。比如，Byredo的"无人区玫瑰"就另辟蹊径，它的基调仍然是有傲骨的，但更美的是其中清冷的味道，它用一种极具出世气息的檀香味来衬托玫瑰，带出娇艳又沉静的感觉。

它令我想到姿容绝世的陈圆圆，曾经令吴三桂"冲冠一怒为红颜"，是何等艳冠群芳，而她却在中年就卸去盛装，披上缁衣，皈依佛门。这时的陈圆圆，反而美得惊人，因这美中又有了种禁欲的味道，更令人可望而不可及，可远观而不可亵玩。这世间，美人并不稀奇，稀奇的是美而能自持，不因美放荡，因美炫耀，反而因为这美，对真理和良善有了一份敬畏之心，宁愿将美收敛，而专心于内在的修化。

这支"无人区玫瑰"，也常让我想到《小王子》这本书中的玫瑰，小王子因为玫瑰的美，对她一见钟情，每日悉心的为她浇水，看护她，她虽然也爱小王子，却不断的闹着小脾气，直到小王子将要离开她，出发去远方的星球旅行。她好像在一瞬间长大了。

"把罩子拿开吧，我用不着它了。夜晚的凉风会对我有好处。"

"要是有虫子野兽呢？"小王子问。

"我并不怕，我有爪子。"她天真的显露出她那四根刺。"别磨蹭了，真烦人，你既然决定离开，就快走吧！"

她是怕小王子看见她哭。她是一朵非常骄傲的花……

小王子爱上一朵玫瑰花，给她浇水，这个故事，是不是也很像神瑛侍者和绛珠仙草？就连小玫瑰的性格也很像黛玉，爱闹小别扭，爱哭，爱生气。这两个故事的结局也很相似，深深相爱，却最终没能在一起。宝玉最后在大雪中拜别贾政，了断尘缘，而小王子为了回到自己的星球，回到玫瑰花的身边，舍弃皮囊，消失在沙漠中，归回大荒。

这两个故事，在精神上如此相似，以至于我简直要怀疑，圣修伯里是不是读过红楼梦？要不就是曹雪芹轮回转世，投胎去了法国，又写了一本《小王子》？

小王子曾说："如果有人钟爱着一朵独一无二的盛开在浩瀚星海中的花，那么，当他抬头仰望星空时，便会心满意足。他会告诉自己，我心爱的花就在那里，在那颗遥远的星星上。"

遥远的星星上，孤独的开着一朵玫瑰，却照亮了整个宇宙。它虽然开在无人之境，在我们的眼中，它却是开在宇宙的中心，我想这就是"无人区玫瑰"这支香水，要表达的"爱"的秘密："沙漠之所以如此美丽，是因为在它的某个角落隐藏着一口看不见的井。星空之所以如此美丽，是因为某颗星球上有朵看不见的花。"

愿我们心中的无人区，都能有一朵玫瑰，常开不败。

# 惜春：

## 疏离洁净少女香

红楼中人，谁最冷？

是黛玉吗？黛玉经常伤春悲秋，性格孤僻，行动爱恼，又住在潇湘馆那么一个生满苍苔的所在，但是黛玉的冷只是浮在面上，她的心里还是火热的。她对宝玉有热烈的感情，对宝钗也是互剖金兰，和紫鹃更是情同手足。

是宝钗吗？她住着雪洞，挂着一把锁，吃着冷香丸。宝钗的冷是一种对世界本质的看破，但这只是她的哲学观点，在真实的生活层面，她是很温暖的。她照顾湘云，体贴黛玉，在各种场合都给人妥当的安慰，她也关心贾府的经济，关心宝玉的读书，和她相处过的人，都曾经感受过她的关怀和善意。

那么，是妙玉吗？她是个出家的姑子，性格孤傲到几乎令人生厌。她的眼里谁都看不上，看谁都嫌脏，但是她却会在宝玉的生日寄来拜帖，在中秋夜溜出来听黛玉和湘云联句，还自告奋勇地续诗。她远离尘俗的外表之下，是一颗对世界的好奇和留恋之心。

整个《红楼梦》里，最冷的人，其实是惜春。在任何场合，她从不抛头露脸，不主动发言，也不张罗任何事，像个幽灵一样，她是真正的边缘人。大观园抄检之时，她的贴身丫鬟入画被搜出藏有禁物，王熙凤都想放入画一马，惜春却愣是不依，偏要把入画置于死地："或打，或卖，或杀，我一概不管"，无情狠心到令人不解。

正如她的亲嫂子尤氏所说，她是个"心冷口冷心狠意狠的人"。

这很奇怪，不是吗？惜春是所有孩子中最小的一个，按理说她正是天真烂漫的年纪，却完全没有一个小小少女该有的快乐和天真，无论何时，她总是一副看透世界，灰心冰冷的模样。到底是什么样的遭遇，才养出这么一个冷面冷心，精神洁癖如此严重的小姐？

惜春的精神洁癖，有内因，也有外因。

外因有两个，首先是因为她的同胞哥哥贾珍，一个比西门庆还要臭名远扬的荒淫败家子。不管是小姨子尤二姐尤三姐，还是儿媳妇秦可卿，只要是漂亮的姑娘，他是根本不管什么人伦，都要往床上拉的。

正如焦大所言，宁国府已经是烂到根上了，爬灰的，养小叔子的，这爷俩糜烂的生活作风简直街知巷闻，就连外人柳湘莲都说："你们东府里除了那两个石狮子干净，只怕连猫儿狗儿都不干净"，难怪他一听到尤三姐曾在"东府"里住过，就起了疑心，本来已经给了信物，立马决定悔婚。

以至于最后尤三姐不得不自刎，一死以示清白。后来，曹雪芹反思整个家族的命运时如此写到："漫言不肖皆荣出，造衅开端实在宁。"宁国府在所有人的眼中，都是个大染缸，不管多么干净的人，但凡和宁国府有了瓜葛，都要让人瞧不起，让人起疑心。

惜春，偏偏就是东府正牌的小姐，贾珍的亲妹妹，她虽说早早就到了荣国府生活，可是这血亲上的瓜葛是扯不掉的，这耻辱的感觉刻在她的骨子里。在那个年代，一个未出阁的姑娘，"干净"的名声比命都重要，为了保全自己的"干净"，惜春知道，自己必须跟东府断得清清楚楚，不能有一点心软。

所以，当入画为东府里的哥哥私藏了一点财物，被查抄出来，她的第一反应是要立刻把入画给推出去，保全自己的干净，这完全是一种防卫过当的表现。她太怕了，她深知那个年代被人戳脊梁骨的可怕，她宁愿被人说心狠，也不能被人说"不干净"。

心理学上关于洁癖的形成，是如此解释的：洁癖，是强迫症的一种，即把正常卫生范围内的事物也认为是肮脏的，感到极度焦虑，强迫性的清洗、检查及排斥"不洁"之物。惜春对入画的绝情，正是如此。就算王熙凤都认为没什么大不了，教训一顿就行了，她都一定要把入画给撵出去。

探春也拿她没办法："孤介太过，我们再傲不过她的。"这狠，是果断，是利落。必要的时候，狠一点没有错。不狠，不足以做到断舍离。惜春的狠，不管是先天个性，还是后天养成，这个基本条件，都很适合出家。

想起一个处女座的朋友，也是有洁癖的。住了好多年的房子，还是永远像个样板房，东西摆得一丝不乱，地板擦得一尘不染，她选的香水也特别配她，是爱马仕的"粉红葡萄柚"。

"粉红葡萄柚"的味道特别直接，前调是纯粹到不行的新鲜西柚味，好像剥开皮的一瞬间，汁水四溅，急忙把沾满果汁的手指放进嘴里吸吮，这时鼻尖就会闻到那股清香微苦的柚子皮的味道。之后，会开始转向类似医院的消毒水味，整个香调的洁净感又格外往上拔了一层，有种凛然不可侵犯的气场。

还有个牌子，简直是专门为洁癖者而生的香水，就是Clean，它的创始人 Randi Shinder 女士认为，最好闻的香水就应该是肥皂味的，要有一种"刚刚淋浴完，散发清新洁净气味"的感觉。

其中"冷棉"是它最具代表性的一支香。含羞草、棉花、柠檬，搭配非常纯正的皂香，像是尚未晾干，还带着水气的白衬衫，有点青涩，有点疏离，很适合十几岁时，在情感上特别需要洁净感的青春期的少年和少女。

说回惜春的洁癖，另一个外部成因，我想是贾府的败落。身为罪臣之女，在婚姻市场上也不大可能有好出路，要么做妾，要么做人家的填房，要么就像巧姐一般嫁到乡下，在这本来就晦暗的出身之下，自尊自洁的惜春，早已有了避世之心。

三个姐姐的遭遇，她冷眼旁观，更是对命运彻底失望。大姐姐元春，论才华论美貌，都是一等一的人物，从千万人里被选出来，入了皇宫，成为皇妃，但是在那个"不得见人"的地方，元春要一人独自面对宫廷中黑暗的勾心斗角和权力斗争，如履薄冰，一点不敢行差踏错。元春省亲时的落泪，是多年委屈的集中爆发，后来她盛年病死，很多人猜测是死于宫斗，这是有可能的。

二姐迎春，老实本分，却嫁给一个穷凶极恶之徒，最后被生生打死，命丧黄泉。三姐探春，在家中一直被庶出的身份所困扰，养成了极度好强的性格，后来也一样被嫁到遥远的异国，从此与亲人分离，音讯渺茫。

再看看园子里的姐妹们、丫鬟们，死的死，散的散，如暮春时雨打落花一般，都不过是"零落成泥碾作尘"，难有幸福圆满的归宿。

"堪破三春景不长"，小小的惜春，把这一切都看在眼里，早早的便生出了避世之心。

除了外因，内因也有，一是惜春从小缺乏家庭温暖，生下来就没人照管，爹不疼，娘不爱，自己的哥嫂也从不过问她的生活，而是像甩包袱一样把她甩到了荣国府。在荣国府的一堆莺莺燕燕中，她毫不起眼，几乎没有感受过家庭的温情，长久被忽略。

惜春冷眼旁观，在这个世界上，不过是肮脏、冷漠和凋零，所以在她早熟的心中，产生了对另一个世界的热切向往："西方宝树舞婆娑，上结着长生果。"这一点，倒是与她那一心寻求长生不死的爹贾敬一脉相承。

贾敬出家，当了"神仙"，给一对兄妹取名为"珍惜"，实际上，根本无人珍惜。他对家事家人一概不理，秦可卿出殡时，他怕染上红尘，不理不睬，自己的生日也不到场，也不让别人给他送东西，生怕沾上烟火气。

他和惜春一样，打心眼里讨厌贾珍，寿辰那天，贾珍将上等可吃的东西，装了十六个大捧盒，让贾蓉带人送去。因为贾敬点名不许贾珍去："你要来，又跟随多少人来闹我，我必和你不依。"这口气，像极了惜春对尤氏说的话："不作狠心人，难得自了汉。我清清白白一个人，为什么给你们教坏了我！"

白居易曾指出《老子》一书，"不言药，不言仙，不言白日升青天"。而贾敬的修道，却偏离了道家的正途，只对"药"和"仙"有兴趣，是"假敬"。

"惜春长恨花开早，何况落红无数。"

也许是因为她太想和东府里那些乱七八糟的事，那对糊里糊涂的兄嫂划清界限，惜春小小年纪，本性里就有了一份和年龄不匹配的洁癖。且看《虚花悟》第一句，就是辛辣的反问："将那三春看破，桃红柳绿待如何？"这语气，就好像看到惜春嘴角挂着一丝冷笑，看破了三个名字里也有"春"的姐姐们，你们倒是桃红柳绿的，下场又如何呢？

"说什么，天上夭桃盛，云中杏蕊多，到头来，谁见把秋捱过？"这一句接一句的质问，如同秋风扫落叶一般，荒凉又犀利，问得人哑口无言，一阵阵冷意袭上心头。

惜春未曾参加过"群芳开夜宴"，因此在书中也没有她能对应的花。若是非要选一种植物来配她，我想大概只有薄荷了。我是个超级薄荷控，洗发水、沐浴露、口香糖、润唇膏，一切都选薄荷的。

每到夏季，更是一定会给自己选一支薄荷调的香水，很短的时间里就能用掉一大瓶。比如娇兰的"薄荷青草"。

它那种让人清醒的凉意，好像随时带着风在行走。它的味道很线性，没有三调没有层次，用的香料也简单，柠檬、三叶草、茶叶、薄荷、铃兰……干净又凉爽，如同它的名字，薄荷与青草。夏天的夜晚，穿上它，就像一个人躺在草地上看星空，凉凉的晚风带来虫鸣和草香，安抚一天的燥热。

惜春正如一支小小的薄荷，不起眼的在角落里生长着，开着极小的白花，不与群花比。她的心是又静又凉的，她对生命的看法，一如叔本华：生命是布满暗礁和漩涡的海洋，人生有如怒海行舟，尽管小心翼翼地、千方百计地避开暗礁和旋涡，但最终等待着的，还是无法避开的、最后的"船沉"。

如果到头来结局都一样，又何苦还要瞎折腾呢？不过都是"春荣秋谢花折磨"，不如早早看破，求个清净解脱。

惜春写到："前身色相总无成，不听菱歌听佛经。"这诗中有一种倔强的味道，不听什么，听什么，这是她自己选择的结果。

在那个时代，女人的命运是难以由自己决定的。身为罪臣之女，她最后果断地选择了出家，也许，这是一条寂寞孤苦的道路，但是终归还是自己的选择，是自己主动向命运出击，而不是被动的等待着噩运的降临。虽是富贵人家，但也根本不能因此过得更幸福一点，这个道理，惜春要比三个姐姐更早看透。

我总在想，惜春出家之后，每日都做些什么呢？想必她会继续画画吧，把曾经记忆中那最美的大观园，在余生中一笔笔描摹出来。遁入空门，那之后所有的时间，都是属于自己的，再也没有人来干涉和打扰她的未来，她自可以悠然隐居，一笔笔地画，画出她心中的"西方宝树舞婆娑"。

每当我想一个人待着，做点手工的时候，就会穿上芦丹氏的"孤女"。它适合穿来临字帖、画画，有些古典的韵致，很静。《红楼梦》里的孤女很多，黛玉、湘云、妙玉……但真正在精神上遗世独立的，唯有惜春。她是真正的"孤女"，因为她主动选择和宁国府断绝关系，自愿选择成为孤女。

这支叫作"孤女"的香水，也和惜春一样，是自愿孤独的味道。它没有哀怨，有的只是一个人的安闲自得。它的味道很淡，其中有焚香、有檀香，也有薄荷，但都点到为止，整体清透，是少女的感觉，毫不世故，也完全不会惹人注意。

"莫道此生沉黑海，性中自有大光明。"

宁国府，曾经是她出生的黑海。而出家之后，面对着一间小小寺庙，打发着余生漫漫长夜，那样的日子，大概也如同黑海一般幽暗和孤寂吧。

但是，惜春不怕，她守着心中的光，自可洁净，安然度日。

惜春最后留给我们的身影，是"一所古庙，里面有一美人，在内看经独坐"。不知为何，这画面虽然孤寂，但也安宁平和。惜春的后半生，相信会如她自己诗中所写的一般吧：身沉黑海，心怀光明，在黑暗中默默修道，静静燃烧。

# 秦可卿：

## 眼饧骨软是甜香

曹雪芹在《红楼梦》一开篇即开宗明义，这是一本为女子而写的书：

"今风尘碌碌，一事无成，忽念及当日所有之女子，一一细考较去，觉其行止见识，皆出于我之上……我之罪固不免，然闺阁中本自历历有人，万不可因我之不肖，自护己短，一并使其泯灭矣。"

红楼众女，确实历历有人。哪怕不说才华与人品，单从相貌上品评，也是环肥燕瘦，各有千秋。宝钗之端庄妩媚，黛玉之风流袅娜，探春之文采精华，妙玉之冷若秋霜。曹雪芹虽然从来无意为红楼众美分出高下，但常有好事者，没事就品题各位姑娘、太太，恨不得开一个选美大会，选出个冠亚季军，推出个"红楼小姐"来。以至于到了新版《红楼梦》电视剧开拍时，终于搞出了个选秀节目——"红楼梦中人"，好好地满足了一次大家的选美欲。

我围观过许多次"红楼选美"的争论或投票，奇怪的是，黛玉和宝钗，这两位本应夺魁的女主角，竟然多次落第，有时甚至连前三名都挤不进去。相反的，呼声最高的，倒经常是"宝琴""尤三姐"这样的配角人物。

每次夺魁的，几乎毫无疑问，总是秦可卿，她的名字每次只要一上榜，大家的意见就变得出奇的统一。在美貌方面，秦可卿颇有"倚天一出，谁与争锋"的实力，她到底美到什么程度，能在"历历有人"的红楼众美中拔得头筹呢？

说到秦可卿的美，曹公真是不吝其词，不惜拿自己最心爱的两个女子与之做比。乳名兼美，其端庄妖媚，似乎宝钗，风流袅娜，则又如黛玉。钗、黛两人本是人间极品，可卿却能兼两人之美于一身，再加上行事温柔平和，上上下下无不称赏。她仙逝之时，贾珍哭成了泪人，两个丫头，一个触柱而亡，一个甘心愿为"义女"，为她摔丧驾灵。而宝玉更是为她吐了一口鲜血，到后来，林妹妹去世的时候，都没见宝玉伤心到这个程度。

秦可卿之死，带来宁国府里最为盛大的一场白事，可说是倾全府之力，银子花得像流水一般。唯一再能与其相比的盛事，大概也就是后来为元妃省亲修建大观园了。然而究其出身，秦可卿却不过是寒门小户，能嫁给贾蓉成为东府大奶奶，已经是打破门第之见了，凭什么还能享受这样高规格的葬礼呢？由此引出诸多猜疑和不可知论，甚至有人猜她是皇帝私生的公主，背后还牵扯出一大套的政治斗争阴谋论。

其实，事实根本没有那么复杂。且看贾母提到宝玉的亲事时，曾对张道士如此说："你可如今打听着，不管他根基富贵，只要模样配的上就好，来告诉我。便是那家子穷，不过给他几两银子罢了。只是模样性格儿难得好的。"

可见，贾府娶亲，并不都一味讲求门当户对，上到贾母，下到宝玉，个个都是"外貌协会"的成员，美貌才是在贾府安身立命的硬通货，如果再加上"性格好"，那简直无往而不利了。秦可卿，就是这么一位颜值和情商双高的女子，所以她在贾府里能有如此地位，也并不稀奇了。

《红楼梦》里，只特别提到三个女子有特别的香气，黛玉是幽香，宝钗是冷香，而另一个则是秦可卿，她是甜香。与其说这是她们身上真实的香气，不如说是留在宝玉心中的印象。黛玉是世外仙姝寂寞林，她的七巧玲珑心是宁静而幽深的，她的情绪也是飘忽不定的，正如一线似有若无的幽香，别有幽愁暗恨生；而宝钗住着雪洞，带着金锁，是山中高士，她永远是有距离，不可侵犯的，她的冷香虽动人，却也无情。

这两个女子，虽然宝玉心中倾慕，但这倾慕之中，始终有着太强的精神意味，尊重和欣赏远远大过了情欲的成分。甚至在她们两人的身上，宝玉的情欲是被刻意压抑的，而这压抑的情欲，总要有一个供以释放的幻想对象，那就是秦可卿了。

我想秦可卿在宝玉心中的地位，一定很不一般。她带给宝玉最初的性启蒙，也是宝玉在梦中的第一个性幻想对象。很多男人，大概都如同宝玉，在半大不小的时候，都曾经偷偷迷恋过一个像秦可卿这样的邻家大姐姐。她妩媚成熟，温柔可亲，就像《西西里的美丽传说》中的马莲娜，她的香味是甜的、暖的、熏人欲醉的，她的气息，如同一杯温热的蜜酒，让人眼殇骨软，醉意直通四肢百骸。

在那个下午，宝玉进了可卿的卧室，最先感觉到的就是一丝如迷魂般的甜香，想必那时宝玉就已经醉倒大半了。之后，曹雪芹更是不遗余力地用工笔细描出这个房间里所有的细节，从床上挂的帐子，到桌前摆的镜子，全都一一陈列。

然而读者又明明知道，这些东西在现实中大约都是不存在的，是明显的杜撰。它们唯一的共同点，就是都透露出或隐或现的性的隐喻，杨贵妃的乳、赵飞燕的脚、红娘的鸳枕……

每次读到这里，我就忍不住猜测，如果宝玉真的就是曹雪芹本人，那么这记忆中的房间，描述如此细致的一间女人的卧房，到底是他真的曾经进入呢，还是因为始终停留在幻想中，所以才变得如此完美，好像不是人间，不可企及？

香的不止是屋子，连对联都是香的，"嫩寒锁梦因春冷，芳气笼人是酒香"，这一味眼殇骨软的甜香，无从想象，但我曾在爱马仕的"琥珀云烟"里感受过。琥珀微妙的甜香，如同美人在耳边低语，吹送撩人的暖气，一点话梅的酸，一点烟草的余味，更令人想起美人蜜蜡般的肌肤，勾起一再探索的欲望。如胶似漆的尾调如同云烟缠绵，又如许多绵密的吻，断断续续的，把人带入云遮雾绕的温柔深处。

Dior 的"蓝毒"，则是性感的迷香。她真正配得上毒药的名字。她是深夜在酒吧里流连不去的女人，穿着美丽的裸背小晚装，独自端着一杯马提尼，眼角闪烁银色粉末，像眼泪。她令空气中充满荷尔蒙的气味，一靠近就不由自主的让人沦陷，理智统统崩塌，忘记了什么叫道德，什么叫矜持。只因她真的好寂寞，而且寂寞得好缠绵。

性感是甜香，没有错，但这其中微妙的分寸感很难拿捏，它是一种不可言传的撩拨，一不小心就会变成搔首弄姿，显得风尘和廉价。闻过一些自称"性感"的香水，比如Escada，它总标榜自己很性感，所以一味的甜，但甜过了头，就变成傻白甜，像个傻乎乎的美国大姐直往身上凑，根本感觉不到性感，只觉得是性骚扰。

真正的性感，在于微妙的缠绵，比如罗意威的那一支"事后清晨"。这名字起得十分传神，前调是清新的香柠檬，夹杂一点淡淡的薄荷烟草。之后，甜蜜而缠绵的味道渐渐浓烈起来，这份撩人的甜蜜在我皮肤上停留了许久，才渐渐淡去。几个钟头之后居然还能闻到，像是交欢之后仍在悸动的呼吸，还带着一点点尽兴之后的慵懒和疲惫。

而论起性感香水的江湖老大，那就非 YSL 的"鸦片"系列莫属了。最性感的一支，是"黑鸦片"。它从鸦片的淫靡和颓废中获得灵感，调制出了一味诡谲而深邃的气味。总在小说里看到描写"鸦片"，有魅人的甜香，像黑色的琥珀，那种有东方风情的女人才能穿它。眉眼细长，穿繁花织锦的旗袍，梳 S 头，慢悠悠的拿着一只火煤子点的长长水烟。

又或是蜜色皮肤的女郎，笑一笑，像乌云后闪出金光，并不日常，可能适合在沙龙上穿一穿，是一支甜中有涩重，明朗中又有神秘的幽香。

"鸦片"的性感，中国古时也有类似的。曾在朋友家中品闻过"鹅梨帐中香"，这是个古方，由李后主亲手配制，如今又被人重新还原。它是用大梨（鹅梨）与沉香一起放在火上蒸，让梨汁的甜香浸透沉香，在沉香的缠绵中又逸出一线梨香的清甜。这一味鹅梨帐中香，完全体现出李后主用香的高妙，他完全不用后宫里常用的古法制的催情香，不喜欢直激神经的性挑逗，而是更偏爱绵长的清甜，他在乎的是情，而不是欲。

"鹅梨帐中香"的缠绵婉转，恰到好处。那是夜深人静，一对爱侣对坐红鸳帐中，眼波流转，香囊暗解，罗带轻分的时刻。是"花明月暗笼轻雾，今宵好向郎边去"的温软和朦胧，是少女那一种"烂嚼红茸，笑向檀郎唾"的娇俏与天真。

做爱是在身体上写诗，需要想象力和教养，真的不只是穿个暴露的情趣内衣，化个大浓妆就能搞定的事，性感是一门艺术。

秦可卿的卧室，就把性感的艺术发挥到了极致。

它布置得如此玄幻，就好像一个通往太虚幻境的神秘入口，宝玉在这个卧室里经历的事，无声无息，无人知晓，却堪称他此生最重要的一次经历。从精神上说，他接受了警幻仙子的训导，提前预知了家族的命运；从肉身上说，他与警幻仙子的妹妹，恰巧名字也叫可卿，领略了男女之事。

宝玉从孩童世界，一脚跨入这个房间，跌进太虚幻境，而当他从太虚幻境走出的时候，世界已经完全不同了，他从此成为一个男人。在秦可卿这个甜香袅袅的卧室中，宝玉从内到外，脱胎换骨，经历了一场真正的成人礼。

这场成人礼如此的隐秘，那当下，连宝玉自己都没有意识到它的重要。要等到许多年以后，当宝玉亲眼见证了整个家族的衰亡之后，他像《百年孤独》里的奥雷连诺上校那样，不断地回想起这个下午。那时候他才懂得，在那场成人礼上，他所听到的每一支曲子，原来都是命运的警钟。

我想不只是宝玉，每个人的生命里，很可能都有过这么一次隐秘的成人礼，也许是第一次动情，亲吻恋人的嘴唇，也许是第一次失意，开始看清生命里许多的缺憾与无可奈何，在经历的当下，我们并不懂得它的意义。它像封进橡木桶中的红酒，要到未来的某一天，才能从橡木桶中取出，细细品味它的醇香。

性感的定义，其实早已不是肉身之美这么简单了。

在美剧《神探夏洛克》里，有这么一句台词：Smart is new sexy，聪明是一种新的性感。而秦可卿，不但有一等一的美貌，同时还是一个聪明绝顶的女人。甚至可以说，挑遍宁荣二府，都找不出一个比她更有远见，更有先见之明和大局观的人。

她在临终前与王熙凤推心置腹，我们才发现，精明厉害、不可一世的王熙凤，其实有的只是一点战术上的小聪明，而秦可卿却是从战略高度来思考问题的。她一早就察觉了家族衰亡的先兆，并且提出两个十分有效的应对建议，只可惜王熙凤太过短视，并没有理会，直到后来抄家，毕生积蓄一朝化为飞灰，才想起秦可卿的话，后悔不迭。

秦可卿的性感，是有深度的，她就像 Chanel 的那一支"黑 COCO"，有阅历和思考沉淀出的光环，它微妙地捕捉到了我所渴望达到的那种人生境界，是一味"世事如今已惯，此心到处悠然"的从容女人香。她的美，是慧黠，也是庄重，是洞察，也是宽容，她就像冬夜壁炉里跳动的温暖小火焰，令生命中的凛然与伤痕都在她面前卸甲融化。

Tom Ford 的"黑之黑"，则比"黑 COCO"更深一层。它相当高级，一闻可知的高级，是一朵开到盛年的黑玫瑰。

不张扬而自有风韵，不与年轻姑娘争奇斗艳，而年轻姑娘却一个也比不上她的聪明、有分寸。该示弱时，示弱，该承担时，也绝不躲避。她未必是贵族出身，但一定是有手段的女人，有让男人依赖而离不开的本事，但又不显山露水，只在幕后推波助澜。

"黑之黑"，是《海上花》里周双珠一样的角色，轻描淡写间，就摆平了一场本来要出大乱子的风流韵事，她稳定而周全，总是能给身边慌慌张张的年轻女孩子们指出一条最理性，最平稳的道路。

秦可卿的存在，也像是专为引路而来。她总是出现在梦中，不是宝玉的梦，便是王熙凤的梦，她也许本来就不是现实世界中的人物，而是一个贯通天界与冥界的引魂仙子，总是在关键时刻，给他们以最紧要的点拨，可惜两人终究不悟。

我想是因为"悟"从来都不是道理上的了解吧。听过很多道理，却还是过不好这一生的人，大有人在。没有透彻经历过，失去过，痛过，所以任外人说破了嘴皮子，大概也是不撞南墙不回头的。这正如三毛所说："心之何如，有如万丈迷津，遥亘千里，其中并无舟子可渡。除了自渡，他人爱莫能助。"

爱莫能助。所以宝玉为秦可卿之死，吐了一口鲜血。秦可卿不能帮他悟道，他最终也无法挽留秦可卿的生命。正是这一种无能为力，不能保护也不能救赎的心情，只能眼看着

59

琉璃碎，彩云散，才留下这满纸荒唐言、一把辛酸泪吧。

爱莫能助，唯有自渡。

以纸为舟，以笔为桨，在回忆的漫漫长河中自渡。

botan

ボタン

シロイ卆

*Siro jke*

ハス

Shin zan

シユンラン

foeiri kaidoo

フイリカイドウ

nindoo katra

ニントウカツラ

# 合 香

# 赏花记

赏花，在贾府从来都是一件大事。

不管是赏菊、赏桂，甚至于赏残荷，往往都是劳师动众，要摆起宴席，全家出动的，精心选择赏花的场地，布酒备菜，动不动就是主子丫鬟十几桌。

想来，大概是因为古人的生活远不如今天丰富，没有各种游乐场、嘉年华，没有许多吸引眼球的网络新闻，也没有电影、电视剧来打发漫漫长日，对他们来说，庭前的花开花落，就是生命里最值得郑重其事去亲临的盛事了吧。

前阵子，读了些古典园林设计的书，感叹其中学问之深。每个建筑与植物的搭配，都要考虑到光线、季节、声音等许多因素，还要切合某种哲学主题，最后才能呈现出最好的观景效果，只是这些门道，今人已经多半看不懂了。

大观园的设计，更是极尽巧工之能事。想来中国古典园林的修建，之所以要做得这么复杂，大概也是因为，古时的园子比起今天，在人们生活中所占的分量要重得多。现代的园林，通常只是作为生活的一片绿色的点缀，接触大自然的媒介。

古时的园林，对人们，尤其对于女人们来说，那几乎就是一生居住的所在了。园中的女孩们，虽然锦衣玉食，养尊处优，生活看起来自在逍遥，其实却如同被圈养一般，活动范围是极狭窄的。她们极少有机会去郊外踏青或秋游，春夏秋冬，物时变幻，都只能在自家的园林中感知。

因此，园中的每次花开花落，都牵动她们的思绪。大观园中的几次诗社，基本是以花为题的：白海棠、菊花、红梅、桃花、柳絮，全都围绕着"咏花"。小小的一枝花，竟能被她们变着花样的咏出新意，立意新奇，词句工整，典故熟稔，这才华真是让人惊叹。算算年纪，其实也不过都是如今初中生而已。

她们的学问和教养，其实正来自于单调、专注、心无旁骛。而在今天的互联网社会中，被各种娱乐和信息分心的孩子们，已绝不可能再那样认真地品读背诵一本古文书，或是耐心观察一朵花开的形态，变着法子描摹花的精神形态了。

现在人也赏花，但大多是跑到某个知名的赏花圣地，在花前摆个 pose，发到朋友圈，表示自己曾经"到此一游"。如同宝钗她们那样，从"忆菊"到"访菊"，从"种菊"到"供菊"，然后咏菊、问菊、画菊、簪菊，最后到残菊，十二

个主题，每个主题来一首七律，这样的题目，若是拿到今天
的作文考试里，只怕会把同学们逼疯。

## 斗　草

　　小姐公子们有文化，可以写诗咏花。那丫鬟们，就来
斗草。

　　斗草，是清明的传统，可分为武斗和文斗。武斗是双方
各持茎的一段，互相交叉成结，用力拉扯，以不断者为胜；
而文斗，则比试谁采的花草种类多，或比试谁以对仗形式报
出的草木名字多，这个显然更难。

　　斗草，通常要拿真花、真草来比，实在是伤花折柳。范
成大就曾经写过："青枝满地花狼藉，知是儿孙斗草来。"有
时，斗草游戏还会下赌注，正如王安石所写："共向园子寻
百草，归来花下赌金钗。"

　　别看丫头们没念过多少书，但是斗草的本领还是相当厉
害的。罗汉松对观音柳，美人蕉对君子竹，星星翠对月月
红，《琵琶记》里的枇杷果，对《牡丹亭》里的牡丹花，夫
妻蕙对姐妹花，全都一一成对，真难得她们怎么找来。

　　古人对植物和大自然，总比现代人要亲近得多，如果找
几个现代的孩子来玩这个游戏，只怕一个都难对出来，而
且，就算把花草摆在眼前，也未必认得出都是什么花吧。

# 枕　花

六十二回里，湘云醉卧芍药裀，是《红楼梦》里最经典的场景之一，其美可与黛玉葬花一比。同样是花，黛玉就是葬，湘云就要拿来枕，天为被，地为席，花做枕，这幅潇洒的做派，还真是应了她自封的"真名士，自风流"：

"果见湘云卧于山石僻处一个石凳子上，业经香梦沉酣，四面芍药花飞了一身，满头脸衣襟上皆是红香散乱，手中的扇子在地下，也半被落花埋了，一群蜂蝶闹嚷嚷的围着她，又用鲛帕包了一包芍药花瓣枕着。众人看了，又是爱，又是笑，忙上来推唤挽扶。湘云口内犹作睡语说酒令，唧唧嘟嘟说：'泉香而酒洌，玉盏盛来琥珀光，直饮到梅梢月下，醉扶归，却为宜会亲友。'"

娇憨可爱的湘云，诗号恰好就叫"枕霞旧友"，她这番醉得云里雾里的，酣然而眠，远远看去，真像是睡在一片彩霞之中。那样好的时光，那样美的画面，大概从此就定格在宝玉的记忆中，再也无法忘记。

说到枕花，怎么能少了"绛洞花主"呢？六十三回，群芳开夜宴，宝玉就倚着一个各色玫瑰、芍药花瓣装的玉色夹纱新枕头，和芳官两个先划拳。后来，宝玉困了，便直接枕了那红香枕，身子一歪就睡着了。

现在想来，焉知这个玫瑰芍药花瓣的枕头，不是采纳了湘云的创意？亦舒熟读《红楼梦》，对这段大概也看得心痒痒，所以在小说《同门》里也写到："金瓶用丝巾包了一大包的芍药和玫瑰花瓣，给师傅当枕头。"

枕花这种风雅之事，早前也有人做过。马王堆曾出土过一只"佩兰枕"，用华丽的茱萸彩绣做枕面，枕中装满了佩兰。宝玉"靠着一个各色玫瑰芍药花瓣装的玉色夹花新枕头"，与芳官划拳，这小小的细节，让人倾倒于怡红院中生活的精雅。

最喜欢枕花的大概是陆游了。他最喜欢菊花枕，既是药枕，也是香枕。"采得黄花做枕囊，曲屏深幌闷幽香。唤回四十三年梦，灯暗无人说断肠。"

陆游枕着菊花的幽香，在寂寞的深夜里，回想起四十三年的往事，后来有人考证，诗中的这"四十三年"很可能指的就是当年他和表妹唐婉被拆散的时间，真是少年情事老来悲。陆游的这一场菊梦，正如黛玉《菊梦》诗中所述："醒时幽怨同谁诉，衰草寒烟无限情。"

## 编 花

贾府里，精致的古董字画，古玩珍奇可谓是堆山填海的，但是，见惯了精致物品的小姐们，有时还更喜欢新鲜的野意。

五十九回，莺儿和蕊官在柳叶渚的柳堤上，莺儿挽翠披金，采了许多嫩条，一路走一路编，随路见花便采两三枝，编出一个玲珑过梁的篮子，篮上翠叶满布，花叶清香，后来把这个小花篮送给了黛玉，黛玉喜欢的不得了。

探春也同样很喜欢柳条编的小花篮，还曾经私下托宝玉出去买柳枝编的小篮子，整竹根子抠的香盒儿，后来又攒下钱来买外面的工艺品。

会编花篮的，不止是莺儿。二十七回里，写到大观园里过芒种节。这一天要祭祀花神，因为芒种一过，就是夏日。众花皆谢，花神退位，须要送春归去。女孩子们都用花瓣柳枝编成轿马，因为花神需要坐着轿马离去，想想也真是可爱，全用花瓣柳枝来编这些轿马，想必也不容易，看来园中巧手不少。

另外，还要用彩线系在每一棵树上，每一枝花上，把整个园子装扮得缤纷有趣。满园里绣带飘飘，花枝招展，是春天最美的时节。在这缤纷中也有些许哀愁，因为女孩子们送春，送花神，其实也是在送别自己最美的年华。

到现在，日本仍然保留着女儿节送春的习俗，这样的习俗里，也多少寄托着日本人的物哀，寄托着对于青春之美的怜惜与不舍吧。

# 葬 花

在百花盛放的芒种节，女孩子们都在，唯有黛玉不在。她独自一人，荷着花锄去埋葬落花，喃喃念着："花谢花飞花满天，红消香断有谁怜？"她对春的哀悼，是不愿随众的，那是她最哀伤和孤独的心事，她要珍重地，默默地，一个人去完成它。

黛玉的葬花，总让我想起另一个姑娘，龄官。总有人说，她是黛玉的影子，一般的样貌，一样的瘦弱，也一样的痴情和薄命。黛玉曾经葬花，而龄官也曾在蔷薇花架下，用金簪划地，一笔笔地写着心上人的名字"蔷"，与黛玉的葬花一样，她的痴与痛，无人懂得，目睹者唯有宝玉一人。

后来，在把戏子们分配到各院做丫头的时候，龄官的名字却未再出现，是撵了，还是死了？没人知道。龄官飘零的身世，正如春末的落花，一去无声息，真是"一朝春尽红颜老，花落人亡两不知"。

《红楼梦》里写到葬花，一共有三次。

第一次是在二十三回，宝玉和黛玉一同葬花，之后，两人并肩在花下读《会真记》，两情相悦，两小无猜，虽然"花谢花飞花满天"，这落花却成了一双小儿女最甜蜜最浪漫的布景，那真是春风醉人的热恋时节。

第二次，就是在芒种节，已是暮春时分。这一次，只有黛玉独自葬花，宝玉只在暗处偷看。黛玉已经预感到自己终将凋零的宿命："侬今葬花人笑痴，他年葬侬知是谁？"宝玉听了，心疼不已，恸倒在山坡之上。

最让我难过的，是第三次的葬花，这一次，作者的笔法，却是轻描淡写。

怡红院的小丫头们斗草玩，游戏结束之后，宝玉把方才她们玩的"夫妻蕙"和"并蒂菱"用树枝抠了一个坑，掩埋了。香菱还笑他："你这又做什么？难怪人人都说，你惯会做些鬼鬼祟祟让人肉麻的事。"

谁也没有注意到，这一次，唯有宝玉一人葬花，却不再有黛玉。而且，也没有人发现，这一次，宝玉葬的花，是"夫妻蕙"与"并蒂菱"。

# 焚香记

记得小时候，还没有电暖气和空调的时节里，我特别喜欢冬天。冬天下雪了，可以打雪仗、堆雪人，最幸福的是可以围在家里的火炉边，炉子从早生到晚，不烧水的时候，我们就支起一个小铁架子烤年糕、红薯、白果，吃着热气腾腾的食物，全身暖洋洋的，看着外面一天一地的大雪，别提多幸福了。

如今，已经好多年没有在冬天围过火炉子了，特别想念那种感觉。读《红楼梦》的时候，读到冬日里黛玉四姐妹坐在薰笼上聊天，就觉得好亲切，好像感受到了那久违的暖意。那时候的人家，到了冬天，屋子里大半会有个薰笼。薰笼，其实就是一个大竹笼子，罩在下面的是火盆。火盆里有特制的炭灰，把明火闷着，慢慢地释放热量，整个屋子的温度就上升了，还没有烟。

薰笼通常都很大，五十二回中，宝琴、宝钗、黛玉、岫烟四人坐在薰笼上闲话家常。薰笼甚至还可以睡觉。五十一回中，晴雯就整天的歪在薰笼上，夜里也睡在上面，感觉功能类似于东北的炕。薰笼是诗词里常常出现的物件，古时的美人们，大概常常手脚冰冷，身体又柔弱无力，所以整天离不开薰笼。白居易的诗中就写到："红颜未老恩先断，斜倚薰笼坐到明。"诗里这个可怜的美人儿，不但手脚冷，心只怕更冷，寂寞而漫长的冬夜里，等不到一个温暖的怀抱，只能依靠着薰笼的暖意独坐。在女子的命运身不由己的时代中，再美的红颜，都可能难逃一朝被遗弃的命运。所以，不能没有薰笼，它简直比男人更可靠，比爱情更温暖。

薰笼里通常都会放上香料。五十一回就写到麝月半夜里起来给薰笼里添香，"将火盆上的铜罩揭起，拿灰锹重将熟炭埋了一埋，拈了两块素香放上，仍旧罩了，至屏后重剔了灯，方才睡下。"

麝月把熟炭用灰埋起来，为的就是不出明火，怕有烟，因为薰笼除了取暖，还有个重要的作用，就是熏衣服。熏衣，就是把衣服铺在薰笼之上，将炭火闷在灰堆中慢慢熏烤，挥发香料，让衣服带上香味。

这里用来埋炭的香灰，并不是木炭燃尽后自然堆积的灰，那种灰很飘很浮，不利于闷炭，贾府所用的香灰都是特制的。在古籍《升庵外集》中，曾记载过香灰的做法："石炭发香煤，盖捣石炭为末，而以轻纨筛之，欲其细也，以梨枣汁合之为饼，盖炉中以为香籍，即此物也。"

熏衣的香丸都要特制的，用蜜调和，不能太干燥，不然烧起来会有烟，有焦臭气。一定要微火慢慢的烘着，让香料一点点浸润衣服，熏好后放在衣柜里一夜，第二天再穿，衣服上的香气就可以保持好几天。

十一回中曾写："到了家中，平儿将烘的家常衣服给凤姐儿换上了。"凤姐不光是出门的衣服，连家居服都是要熏的。十三回中："这日夜间，正和平儿灯下拥炉，早命浓熏绣被，二人睡下。"不光是衣服，连被子也要熏，熏被的香料通常都有助眠安神的功效，在冬夜里，睡在一床温暖芳香的、熏好的绣被之中，花香、木香，伴着炭火的温度，寒冷的冬夜，也能温暖如春，一夜好眠。

熏衣的作用，不仅是为了舒适，还有一个原因，是因为昂贵的丝织服饰通常很脆弱，如果经常清洗，容易损坏。所以在衣服没有明显的污渍的时候，就用熏衣的方法来做清洁，一方面烘烤可以杀菌，很多香料本身也有抑菌的作用，另外还可以掩盖气味，让衣服显得华美干净。

在日本的平安时代，熏衣还有另一个作用，就是标识身份。当时每个贵族家庭，都有独属于自己的特别香味，有专用的合香秘方。那种香味，相当于一个贵族家庭的隐形家徽，通常两个互相不认识的贵族，只需要通过辨认对方身上的香味，就可以判断出他是哪个家族的成员。这也很像今天，人们会选择一款自己喜欢的香水，常年穿下来，也就成为自己隐形的 logo，有时人都离开了，闻到那个熟悉的味道，好像他还在身边一样。

在《源氏物语》中，就写到很多日本贵族用香的传说。一对初识的男女，彼此还未见面，只是隔着轻纱帘幔，闻到对方身上的香气，猜测彼此的相貌和风度，就在心中生出暧昧的情绪，开始朝思暮想，这真是非常日式的恋情啊。

当时宫中的女眷，几乎人人懂得调香，个个都是熏香的高手，甚至《源氏物语》中还有一次规模盛大的"赛香会"，专门用来评选技巧最高超的合香。胜出的香方有"梅香""荷叶""黑方""侍从""菊花""落叶"等，分别用在不同的场合与时令之中。

关于焚香，五代风流名士韩熙载也曾提出"五宜"之说："在桂花下宜焚龙脑；荼蘼花前宜焚沉水；赏兰花，则焚四绝香；含笑花最适合麝香，栀子花宜配檀香。"

除了熏衣以外，当时的日本贵族，还会把秘制的香丸或香饼，装在两片缝合的贝壳中，随身携带，以确保香气经久不散。类似我们用的香囊。

红楼中人，也大多会随身带香。比如袭人回娘家，宝玉耐不住要去看她，她是如此伺候宝玉的："用自己的脚炉垫了脚，向荷包内取出两个梅花香饼儿来，又将自己的手炉掀开焚上，仍盖好，放与宝玉怀内……"

这里袭人随身携带的，放进手炉里的梅花香饼其实是一种香碳，是古人熏香或暖手的用碳，在碳里配以香料。湘云诗中曾写"麝煤融宝鼎"，指的就是这种融合了香料的煤碳。

《沈谱》中曾记载："大凡烧香所用香饼，必须先将其烧至通红，放在香炉里，待其表面生出黄衣，方可慢慢用香灰覆盖。"

这里古法制的梅花香饼，用的是软碳、蜀葵叶、丁香、桂花，捣成粉后用细纱筛之，再混合枣肉汁捏成梅花饼状，晒干即可使用。可以随身带着增香，也可以放在手炉中燃烧。

香饼子烧完之后，就需要把手炉中的灰拨一拨，重新加炭。刘姥姥第一次进大观园，见到王熙凤的时候，也正好是个冬天。王熙凤对这个穷老太婆摆款，"也不接茶，也不抬头，只管拨手炉里的灰"，这一个小动作，把凤姐的性格体现得淋漓尽致。

清朝的贵族们，身上带的东西，通常比我们今天要多得多。除了玉佩等挂饰以外，还总有几个荷包，有的是扇套，有的装碎银子，有的装小零食（香雪润津丹、槟榔），还有一个必定是要拿来装香。冬天可能是香炭香饼，其他季节就会装些零碎的香料或香丸子。

焚香，除了以上家常的用法以外，最古老也是最常见的一个用法就是敬神。因为焚香的起源，就是远古人类通过

"燔木生烟"的方式来告祭天地，焚香时带着虔诚的心祈祷，香的烟气是上升的，故可以将祈祷带入九霄，感动天神，而烟气也会消散于空气之中，便可以将一片虔诚之心化归大地，与万物沟通。

因此，在贾府的许多重要家宴上，贾母都要先亲率族人焚香、敬神、敬祖，然后才可以开始吃喝玩闹，进行其他的程序。因为香担负这种庄重的功用，所以古时的制香师傅，都要用极其恭敬的态度来完成香的炮制。

在合香之前，要先把待用的香料按照"一君、三臣、五佐、九辅"的顺序排列，然后依次与每一味香料沟通，说出它们的名字，以及在香方中所起到的作用，如此重复十五日，让各种香料互相呼吸与熟悉。

十五日之后，分次将每一种香料研磨成粉，依然按序摆放，继续与香料沟通，让其彼此熟悉，精确配比之后倒入容器，再放置十五日。一月期满，择良辰吉日，制香师需沐浴斋戒，虔诚祈祷，之后将香粉取出，混合上等的枣花蜜、白芨汁等粘合性较强的液体，制成固体用香。必须在第二日清晨前制作完成，让合香能够迎接清晨的第一缕阳光，之后才可以开始风干或窖藏。这极具仪式感的制香过程，本身即闪烁出人的气质，包含了师法自然，端正虔诚，耐心优雅，是某种类似"道"的存在了。

香也会被用来祭悼亡灵。在王熙凤生日的当天，宝玉就悄悄换了一身的素服，驱马到郊外去祭奠投井的金钏。宝玉是个大少爷，平时从来没有准备东西的习惯，到了地方，才想起来问茗烟："这里可有卖香的？"还特别指明"别的香不好，须得檀、芸、降"三样。茗烟提醒他："二爷时常小荷包有散香，何不找一找？"宝玉果然在荷包里摸到了"沉速"两星。

短短几十个字的对话里，信息量很大，其中提到了五种名贵香料。除芸香是香草以外，其他四种"檀、降、沉、速"都是木香。檀香是印度的国宝，尤其是东印度产的老山檀，无论色泽、香味、硬度，均属世界第一。

檀香是寄生树，杂生其他树木之间，不容易分辨。由于它性寒，所以在夏天时常为大蛇所盘绕，人不得接近。

《香谱》中记载过古老的取檀香的方法："人远望见有蛇处，即射箭记之。至冬月蛇蛰，乃伐而取之也。"因有大蛇盘绕守护，所以檀香木也被印度视为"圣树"。印度教的传统相信檀香有助于打坐时排除杂念，凝神聚气。他们会将檀香做成浓浆，点在双眉之间的额上，认为这样就可以打开天眼。印度教徒在火葬时，哪怕再穷，都会尽力去买一段檀香与尸体共同焚烧，因为他们相信，唯有这样才可以将死者的灵魂自肉身释放。

受印度教的影响，佛教也偏爱使用檀香与沉香，有时也会用到速香，也就是黄熟香，这些香味都给人幽远而安宁的感觉。而道教，则更偏爱用零陵香和降香。

降香，也叫"降真香"，是一种小乔木，焚烧时其烟直上，味道浓烈有煞气，传说能降服魔鬼，可以辟邪恶气，宅舍怪异。宝玉对香料极熟悉，随口就能说出在祭奠金钏时该配哪些香料。到了后来，他写诔文祭奠晴雯时，用的又是完全不同的香物了，"群花之蕊，冰鲛之縠，沁芳之泉，枫露之茗"，更显别致，也更冰清玉洁。

除了随身携带的香丸、香饼之外，香粉也是很常用的。就是直接把多种香料研磨成粉，按比例混合。刘姥姥醉倒在怡红院，弄得臭烘烘的时候，袭人就随手"向鼎中贮了三四把百合香，仍用罩子罩上"，这里用的就是香粉。

香粉的常用方法是打成香篆。

黛玉就曾写过"香篆销金鼎，脂冰腻玉盆"，张爱玲也曾经在她小说的开头写到"请您寻出家传的霉绿斑斓的铜香炉，点上一炉沉香屑，听我说一支战前香港的故事。您这一炉沉香屑点完了，我的故事也该完了。"在香炉里点的这种沉香屑，就是香篆。

香篆，顾名思义，就是把香粉压在模具里，塑成篆字。篆字笔画回环曲折，古意盎然。打香篆时，要非常有耐心，才能打得平整细腻，否则很容易破坏图案。打好的香篆，盛在炉灰之上，只要引燃一端，那一星微火就会沿着笔画燃烧，直至燃尽成灰。

五十三回，荣国府元宵节开夜宴，写到宴席上的摆设：

"贾母花厅之上共摆了十来席,每一席旁边设一几,几上设炉瓶三事,焚着御赐百合宫香。"后来贾母累了,歪在榻上,命琥珀拿着美人拳捶腿,又一次写到榻下的陈设:"榻下并不摆席面,只有一张高几,却设着璎珞花瓶香炉等物。"

这里写到"炉瓶三事",指的就是打香篆所用的"香炉、香盒、箸瓶",香炉自然不必解释,通常是傅山炉或者宣德炉,而香盒里盛放的应该就是"御赐百合香"的香粉吧,箸瓶中就放着焚香时需要用到的香箸、香铲等。

因为元春是贵妃,故此贾府常有御赐的香物,比如贾母八十大寿,元妃送来的寿礼单中就有"金寿星一尊,沉香拐一只,迦南珠一串,福寿香一盒",其中的沉香拐、迦南珠、福寿香,都是名贵香料所制,可见当时皇室贵族对香料的需求极大,普遍到进入生活的每个细节中。

说回香篆。除了篆字以外,其实还有很多形状,比如莲花、祥云,或者是易经符、梵语咒等,皆可打成香篆。纳兰性德词中写过:"昏鸦尽,小立恨因谁?急雪乍翻香阁絮,轻风吹到胆瓶梅,心字已成灰。"这里的香篆,就是"心"形的,心字香篆燃尽成灰,一语双关,巧妙又含义深刻,让人感觉惆怅又清寂。

另外,香篆还可以用来计时。在宝钗所制的灯谜中,有一个谜底是"更香"。

朝罢谁携两袖烟？琴边衾里无两缘。

晓筹不用鸡人报，五更无烦侍女添。

焦首朝朝还暮暮，煎心日日复年年。

光阴荏苒须当惜，风月阴晴任变迁。

"焦首朝朝还暮暮，煎心日日复年年。"这个不祥的句子，一语道破宝钗日后的处境，又是巧妙的双关和暗示。而这里提到的"更香"如今很少有人用了，那是一种计时用的香篆。在钟表传入中国之前，常见的计时器有更漏，就是滴水计时法。富贵人家，则打一个香篆作为"更香"。

更香的纹路是经过精心设计的，比如标有十二个时辰，一百刻的刻度，可以从烧取的长短中看出时辰，香篆从开始点燃到完全燃尽，恰好需要一昼夜的时间。

我们常在古时的小说里看到"一炷香"的时间，那是多久呢？很难说，要取决于用的是什么香。夜间，贾府用不容易燃尽的更香计时，而在起诗社的时候，则选用能够快速燃烧的"梦甜香"来计时。

"原来这'梦甜香'只有三寸来长，有灯草粗细，以其易烬，故以此烬为限，如香烬未成便要罚。"

三寸来长，也就是十厘米左右，而"梦甜香"也只有灯草粗细，算起来不过7～8分钟就会燃尽，因为烧的很快，能够造成一种紧张的气氛，颇有曹植"七步成诗"的意思，时间如此之短，所以非常考验大家的才捷，也就难怪宝玉总是落第了。

这"梦甜香"，无论外形和功效，听起来都非常像是日本的线香。日本线香大多是短短一支的，我喜欢在睡前点一支，它的香味清淡，温柔，甜润，有宁神和助眠的效果。"梦甜香"在我的想象中，应该类似于日本香堂的一种叫做"星月夜"的线香，它也只有三寸来长，摸起来有微微的粗粒感，未点燃时闻起来淡雅，是微甜的药香。

它的方子里有些微沉香，几乎无烟，我最爱在床头的香立中点燃一根，然后伴着这个香味关灯入睡。在黑暗中，裹着柔软的棉被，看着一星如萤火，闪闪烁烁，暗香浮动，夜便更静了。

日本香堂，是非常古老的制香社了。除了"星月夜"这类日常用香以外，还有许多传世的香方，比如伽罗大观，就是极上等的沉香所制，点一支，香味超逸，余香久久不绝。

香道，在宋朝时达到鼎盛，之后传入日本，被保存和发扬。但很遗憾，今天在中国，几乎难以找到上乘的线香品牌，但香文化在日本则遍地开花，香方翻陈出新，种类极多，除了日本香堂以外，还有鸠居堂、松荣堂、鬼头天薰堂、香彩堂……

日本线香，通常都是短短一支的，10～15分钟即可燃尽。每盒有数百支，透过盒子就能闻到醇厚的香气，我通常把线香的盒子埋在衣柜一角，每次打开柜门，都有暗香盈袖。

我常焚的线香有八种：星月夜、梨华、白桃、伽罗、凛松、和柑、淡墨之樱、冥世水琴。几乎可以适合所有的时间。梨华，是春天清晨的气息，和柑有点像普洱的小青柑，微微苦涩里还有清酸的柑橘香，而淡墨之樱有一点书本香，最适合临帖画字。

到了下雨时，独坐窗前看雨，这时最适合焚一支冥世水琴，那香味如同极幽远的笛音从雨中传来，渺渺茫茫，心中会漾起幽暗的柔情。

日本的香道中，把闻香的"闻"字，译做"listen"，不是嗅觉，而是听觉。这是香道中极其美妙的一个部分，听见香味，如同听见一朵花开放的声音。日本的线香味道都做的很淡，想要领略每种香方的微妙的不同，需要极静的心，略有一点浮躁，就会与之错失，错过香中最优美的部分。

比起品酒、品茶，品香更需要高超的审美能力。在日本，要通过制香师的考试，不光是技术层面的，还要考文学与艺术，他们希望制香师能够懂得并捕捉那种微妙的美，如此才能够合出品味上乘的好香，而不是那种烟熏火燎的，能把人呛到窒息的劣质香。

说起对调香师的文化品味的要求，大概要追溯到宋朝时期。那时的调香师几乎都是文人，可算是把玩香这件事做到了登峰造极。

有人说唐朝是中国古代文化的巅峰，但在我看来，唐朝还是颇有点暴发户的气质，一切讲究富丽、大气、豪华，但是到了宋朝，品味逐渐变得更加清淡、高雅，有点像从巴洛克变成了洛可可，真正从骨子里透出了慵懒的贵族气息。上至皇帝，下到官员，个个是品味超绝的艺术家，那才真正是中国文艺的黄金时代。

宋朝无论是宋词、绘画、瓷器，还是对茶道、香道的研究，也都更加缱绻细腻，润物无声。制香的高手比比皆是，范成大、李清照，当时的文人，几乎都对调香有所研究，香的痕迹在诗词中处处可寻。不但焚香，也会用脐香，就是把自己合出来的独门香丸放进肚脐中，身体便会长久地散发异香。

到了明清时期，脐香更多的被香肚兜取代了。就是把香末缝进贴身的肚兜之中，而且通常是男人带的比女人更多。潘金莲就曾经做过一个这样的肚兜，送给西门庆做生日礼物，里面装着排草、玫瑰花。明清时期，男子的贴身内衣中贮香，是富贵人家常见的做法。

《红楼梦》三十六回，写到一个非常静谧的夏日午后。连怡红院中的仙鹤都睡了，唯有袭人还坐在宝玉床边守着，手里的针线，是一个白绫红里的兜肚，身旁还放着一柄白犀麈替宝玉赶蚊蝇。这种温馨的家常画面，我觉得是红楼里最美又最细腻的描写，在其他古典小说中，很少看到。袭人手作的那个精致的兜肚里，想必就夹着许多香料，艾草，薄荷，白芷，金银花……在夏天，可以清凉驱蚊，解暑安神。

宋朝的文人制香，其中的顶级高手，要算是苏轼了，据传他为了调配出最逼真的梅花香，曾亲自收集 999 朵雪中梅花蕊，混合许多珍贵香料和药材，最终制成一味香方"雪中春信"，焚时好似万株梅树同时盛放。

他还在香炉的形态上玩出许多新巧的花样，比如他找来一种窍孔很多的天然石头来当做香炉，把香放在石头内部焚烧，烟便会丝丝袅袅，带着幽香从石头的各个孔窍中悄溢不绝，依着石体冉冉上升，宛如山岚雾气缭绕，令人自然联想到云无心而出岫的美景。

明代的美学大师屠隆，写到爱香的苏轼，曾这样说："和香者，和其性也；品香，品自性也。自性立则命安，性命和则慧生，智慧生则九衢尘里任逍遥。"

这话，说到了所有爱香人的心里。我们为什么会热爱山川，热爱大海，热爱森林和草原的气息，热爱雨后带着露珠的荷叶，也爱幽谷之中自开自落的兰花？我们对自然万物的爱，本质上其实是一种投射，那些自然景物，触动了我们心中对美德的渴望：我们爱大海的广阔深沉，爱森林的幽深宁静，爱空谷幽兰的与世无争。其实，我们最终热爱的，还是那些美好的品质，它代表了我们心中对"道"的渴望，对成为一个理想中的自我的渴望。

郁郁黄花，无非般若，青青翠竹，皆是法身。香道，也只是悟道的凭借。正如宋朝人陶谷在《清异录》所说："吾身，炉也；吾心，火也；五戒十善，香也。"若把人的身体比作香炉，那人心便是炉中之火，而人世间所学到的一切知识与美德，爱与宽容，都好像醇厚的合香，被心中的微火慢慢熏燃着，不断散发出香气。

所以，黄庭坚对香有最经典的总结："香有十德：感格鬼神、清净身心、能拂污秽、能觉睡眠、静中成友、尘里偷闲、多而不厌、寡而为足、久藏不朽、常用无碍。"这香之十德，后来被一休禅师推介，流传于日本香界，成为日本香道文化的重要部分。对了，这个一休禅师，就是小时候看的动画片里，那个"聪明的一休哥"，他也是一个对香道很有研究的大师呢。

如今在日本，香道已经成为一门极有仪式感的艺术。它成为一种将人们内心的哲学与智慧实践出来的方式：

通过备香和品香时的和缓而庄重的动作，可以让人的心境平和温顺，沉淀浮躁的自我欲念；使用简朴而富有古意的香具和香料，表现出对天然材料的喜爱；温热清香的气息，也能让人更好的感受到某些美德的真意，比如"和谐""纯洁""平静"等。

通过香道中蕴含着微妙情愫的动作，来实践这些抽象的"道"，使"道"的感受变的更灵动，更容易被感官所领会。人若常常思考与自省，常常在心中默默咀嚼美的感受，就如同每天在心中点一炉香，让自己的身体和灵魂，都得到清洗和温柔的护理，变得更透彻，更明净了。

# 妆香记

## 平儿：茉莉粉和胭脂膏

四十四回里，平儿被凤姐打了，宝玉将她请进怡红院来理妆，这是非常动人的一回。平儿是个"极聪明极清俊的上等女孩儿"，可惜出身不好，又无一个亲人，一辈子只能做丫鬟，明明什么也没做错，却被凤姐打得披头散发，眼睛也哭肿了，妆也哭花了。

宝玉心中怜惜她，于是亲自服侍她理妆。这是一种很好的安慰，胜过语言上的鼓励。勇敢的平儿，没有停留在痛苦的情绪中，而是决定洗掉脸上的泪痕，好好给自己化个妆，重新走出去，面对生活。

在传统的男性视角中，总认为"女为悦己者容"，女人打扮是为了取悦男人。他们不懂，很多时候化妆更像是一种仪式。它不是为了被别人夸奖，而是为了鼓励自己。当你沮丧失望，灰败邋遢的时候，最好的做法，是拿出一支口红，给自己画个红唇，或拿出一支香水，给自己穿上最独特的香气。

所以，曹雪芹如此认真地为我们描写了一个丫鬟化妆时的模样。这描写中有一种尊敬。无论落到什么境地，就算别人不珍惜你，你也要珍惜自己，让自己漂亮整洁。这是一种骄傲，也是内里提着的一口气。扑粉面、点绛唇、穿香水，一样一样，如仪式般郑重，在这些动作里，重新唤回那个美好的自己，唤回内心的勇气。

于是，平儿坐在了怡红院的妆台前，开始认真地理妆。这一回，给了我们一个机会，好好地参观了一下宝玉平日里"调脂弄粉"，做的都是些什么脂粉。

"宝玉忙走至妆台前，将一个宣窑瓷盒揭开，里面盛着一排十根玉簪花棒，拈了一根递给平儿，又笑向她道：'这不是铅粉，这是紫茉莉花种，研碎了兑上香料制的。'平儿倒在掌上看时，果见轻白红香，四样俱美，摊在面上也容易匀净，且能润泽肌肤，不似别的粉青重涩滞。"

"然后看见胭脂也不是成张的，却是一个小小的白玉盒子，里面盛着一盒，如玫瑰膏子一样。宝玉笑道：'那市卖的胭脂都不干净，颜色也薄。这是上好的胭脂拧出汁子来，淘澄净了渣滓，配了花露蒸叠成的。只用细簪子挑了一点儿抹在手心里，用一点水画开抹在唇上；手心里就够打颊腮了。'平儿依言妆饰，果见鲜艳异常，且又甜香满颊。"

从宝玉一整套娴熟的动作来看，对胭脂水粉，他真是再熟悉不过了。也难怪，他抓周抓的都是胭脂，日常最爱做的事就是帮姐妹们淘漉胭脂膏子，连去上学之前，都不忘特别嘱咐黛玉，胭脂别急着做，等我放学回来一起做。

宝玉的才华，在那个时代，自然是被视为歪门邪道，不可能被认可，这也是一个时代的偏见和悲哀。要放在今天，宝玉发挥的空间就很大了，他这么热爱彩妆，最适合的职位，应该是跨国公司彩妆研发部的技术总监。

宝玉那么爱吃胭脂，要是放到今天，改成吃口红，只怕要吃成铅中毒。但大观园里的胭脂，都是纯植物制造的，天然环保，又香又甜，也不会皮肤过敏，吃起来味道可能类似玫瑰花酱，也难怪宝玉要吃个不停了。

平儿用的茉莉粉，其实不是茉莉做的，而是另一种花，叫做紫茉莉，也叫夕颜。看过《甄嬛传》的人，应该对它有印象吧。在民间，夕颜也叫"晚饭花"，因为它总在晚上开放，它的花瓣可以榨汁做成胭脂，因此也叫"胭脂花"。

更奇特的是它的种子，是黑色有棱的一个圆球，成熟以后，可以剥开黑色的种皮，里面就是白色的胚，研碎成粉，细腻洁白，可以用来化妆，匀净肤色，类似我们今天用的散粉吧。因此，它又有一个名字，叫"宫粉花"。

紫茉莉的一颗种子，大概也就豌豆大小，只能剥出很少量的粉，那么一盒子的粉，估计也得剥个半天，自然也是珍贵的。所以，后来贾环知道芳官用茉莉粉骗他，假装是蔷薇硝，居然也没有生气，还说"这也是好的"。

因为看了这段，我特别好奇，还专门网购了一批紫茉莉的种子，自己剥出来，拿小石臼研细了，打算当散粉。果然，如宝玉所说，紫茉莉粉很匀净，涂在皮肤上也不会太白，且能被皮肤吸收，不需要卸妆，也不会堵塞毛孔，还真是个好东西。

余下了十来颗种子，我种在了花盆里，很好养活，没多久就开了紫红色的花朵，把花瓣摘下来捣碎取汁，放在小火上微微焙干，得到一点点红色、微香的花泥，挑了一点，按宝玉教的，抹在唇上，打在腮上，透出天然红晕。

真好玩。也难怪宝玉喜欢做胭脂了，自己 DIY 的彩妆，用起来的确特别有趣。但是因为纯天然没有防腐剂，没法保存，只能做一点用一点，在自家的阳台上养儿盆紫茉莉，就有了怡红院同款的散粉、口红和腮红，现摘现用，比买来的更有成就感。

宝玉用来装茉莉粉的玉簪花棒，也是一种花。玉簪花的花苞没开放时，是空心的管状，特别像头上戴的玉簪子，因此得名。宝玉将剥收好的茉莉粉，兑上名贵的香料，再混上护肤美白的中药材，一同研成极细的粉末，再一点点分开，盛放在玉簪花的花苞中，放进宣窑的瓷盒里密封，保存香气。

这种做法，类似独立包装，一次用一根，干净又卫生。玉簪花即是盛器，又是熏香料，倒出的粉上都有玉簪花淡淡的香味，真是一举两得。曹雪芹还特别记录了平儿的用户体验："摊在面上，容易匀净，润泽肌肤，不似别的粉青重色滞……轻白红香，四样俱美。"要知道，平儿可是王熙凤眼前一等一的红人，相当于贾府半个管家，见多识广。连平儿都没见过这样的妆粉，想必是王熙凤都未曾用过了。宝玉研发彩妆的功力，看来在当时也是顶级的了。

明朝的王路曾在《花史左编》中写过用玉簪花装粉的事："白者，七月开花，取其含蕊，入粉少许，过夜。女子傅面，则幽香可爱。"

如此别致新奇，又天然健康，足见古人的情趣与生活智慧。可惜，今日的彩妆业虽然发达，但再也买不到这种玉簪花包的茉莉粉了。


### 晴雯：凤仙花的指甲


五十一回里，晴雯伤了风，大夫来给晴雯看病。

"有三四个老嬷嬷放下暖阁上的大红绣幔，晴雯从幔中单伸出手去。那大夫见这只手上有两根指甲，足有三寸长，尚有金凤花染的通红的痕迹，便忙回过头来。"

金凤花，就是凤仙花，到现在还是公园里常见的植物。小时候，我们几个女孩子淘气，看了古装剧里的情节，蠢蠢欲动，就去公园里寻凤仙花，也想拿来染指甲。做法不难，把花捣碎，加点明矾，贴在指甲上，用布细细的包好，第二天起来，指甲就变成淡淡的水红色，如果想要更艳丽，就可以多重复几次。

"夜捣守宫金凤蕊，十尖尽换红鸦嘴"，用金凤花染过三五遍，指甲就变得红如鸦嘴，而且洗不掉，能保持将近一个月之久，直到指甲长出来，才渐渐消退。

金凤花不单可以染指甲，还有药用价值，把花捣碎了泡在醋里，拿棉花沾了包指甲。晚上包，早上卸，坚持一段时间，不单可以治好灰指甲，还可以修复指甲上的裂痕。

除了凤仙花外，古人也常用"七里香"染指甲，对，就是周杰伦歌里唱到的那个七里香。它的花大多是蜜白色的，但是叶子捣碎后，却是极好的红色染料，染出来的指甲从饱满度和润泽度来说，都胜过金凤花，而且还有清香长久不散。

福建的《仙游县志》中就曾有记载：

"七里香，树婆娑，略似紫薇，蕊如碎珠，花开如蜜色，清香袭人，置发间，久而宜馥。其叶捣可染甲鲜红。"

古时候，都是富贵人家的小姐才养指甲，指甲养得越长，越说明身份高贵，越不用亲自动手。一根一寸长的指甲，通常要蓄养半年，而且稍不留神就会劈裂折断，因此，都会在指甲上带一个套子来保护。以清朝为背景的影视剧里，我们总是看到太后、娘娘们带着长长的珐琅指套保护指甲，那是一种专属富贵阶层的娇矜。

晴雯作为一个丫鬟，却能养着两根三寸长的指甲，不必细说她平日里是什么做派，单看这一个小小的细节，就知道她一定是养尊处优，不做粗活的。丫鬟里似乎除了晴雯，再也没有别人养这么长的指甲了，就算是小姐，也没见到谁有这份做派的，单看这两根指甲，就知道晴雯平日里是怎样无所顾忌，恃靓行凶了。

晴雯从小便因美貌得逞，因此她对自己的美貌和身份太过自信，以为美貌就是无往不利的通行证，人人都会让她三分，所以从来不知收敛。撕扇子、打小丫鬟，日复一日，落下太多怨恨与口实，最后被人告状到王夫人面前，赶出大观园，落了个"心比天高，命比纸薄"的下场。

晴雯临死前，把两根凤仙花染红的长指甲铰下来送给宝玉，这是晴雯身体的一部分，是她最美的部分，也是最骄傲的部分，她送给宝玉，是要宝玉记得她的美，同时大约也是一种绝望，不想带着这份骄傲，落在这肮脏的处境里。

铰下指甲的晴雯，就像被打回原形的妖，她苍白而卑微，一声声地呼着娘的名字，孤独的死在了那冰冷的破屋之中。

## 湘云的蔷薇硝

蔷薇硝，最早出现在五十九回中。一个春日的清晨，宝钗和湘云春困初醒，那是一段充满诗意的文字：

"一日清晓，宝钗春困已醒，搴帷下榻，微觉轻寒，启户视之，见园中土润青苔，原来五更时落了几点微雨。于是唤起湘云等人来，一面梳洗，湘云因说两腮作痒，恐又犯了杏癍癣，因问宝钗要些蔷薇硝来。"

春天，微雨潮湿，万物萌发，湿润的泥土中长出了青苔，而少女娇嫩的皮肤，也因为时气所感，敏感作痒，生出微红如杏花般的癣来。蔷薇硝，就是拿来涂杏癍癣的良药。

读到这里，真是感叹红楼无处不在的幽微之美。春困微寒、土润青苔、杏癍癣、蔷薇硝，这几个词一出，简直就是一幅初春的小水粉，淡淡的青绿，淡淡的粉红。那一种清新，慵懒和惆怅，不知不觉就荡漾在字里行间。

这段文字虽然很美，但是"硝"字乍一听来，还是怪吓人的，令人想到硝酸，好像是某种腐蚀性的物品，怎么能拿来擦脸？这个"蔷薇硝"到底是什么东西？《本草述》中有记一种"峭粉"，可以"杀疥疮癣虫"，应该就是这个了。

峭粉是水银制成，也叫汞粉或轻粉，经常被添加在古代的化妆品中，制成面药，据说能够除面上一切疮、痘、黑斑，使皮肤光洁。普通人用的一般是"银硝"，就是直接把汞粉拿来涂脸。贾环后来把"蔷薇硝"送给彩云："我也得了一包好的，送你擦脸。你常说蔷薇硝擦癣比外头的银硝强，你看看可是这个？"

孟晖在《贵妃的红汗》里写到：

"怡红院的化妆品，不管哪一种，都比世间人所用的更胜一筹。就连丫鬟治癣的硝，都是比外头银硝强的蔷薇硝。强在何处？配料成分更精细，不会加石膏粉，而是合成了对皮肤有保养修护作用的中草药。"

蔷薇硝便是用野蔷薇熏制过的峭粉，蔷薇花本身就有祛黑斑的药效，熏制后的蔷薇硝，比普通银硝多了一些淡淡的蔷薇香，更添柔美风雅，不知道这改良，是不是又出自宝玉之手呢？

## 护手霜与洗手粉

五十四回里，写到宝玉的一个生活小细节：

"后面两个小丫头子知是小解，忙先出去，茶房内预备去了……来至花厅廊上，只见那两个小丫头，一个捧个小沐盆，一个搭着手巾，又拿着沤子壶，在那里久等。……宝玉洗了手，那小丫头子拿小壶倒了些沤子在他手里，宝玉沤了。秋纹、麝月也趁热水洗了一回，也沤了，跟进宝玉来。"

宝玉只要一动，身边一群人得跟着忙。他去小解，小丫头们就得有眼力见，赶紧的去准备热水手巾和沤子，备着等他出来清洁。只是我很好奇，这里的沤子到底是什么？查了些资料，渐渐明白了，原来是一种类似护手霜的东西，洗手后涂上，可以防止皮肤皴裂。

《香奁润色》一书中，曾记载过沤子的做法：

"杏仁一两，天花粉一两，红枣十枚，猪胰三具上，捣如泥，用好酒四盏，浸于磁器。早夜量用以润手面。一月皮肤光腻如玉。冬月更佳，且免冻裂。"

宝玉用沤子时，正是元宵节，冬天洗手后擦上护手霜，看来当时的贵族已经很懂得保护皮肤了。这沤子取材天然，配料很合理，猪胰有油脂，可以润肤调和，杏仁里有杏仁油，美白滋润效果很好，红枣和天花粉也都有美容的功效。做好后装在小磁罐子里，用时就取一点，又润又香。

当然，沤子的做法不止一种，孟晖在《贵妃的红汗》一书中，就记载过清宫慈禧太后所用的"沤子方"：

"防风、白芷、三奈、茯苓、白芨、白附子，共研粗渣，烧酒二斤将药煮透。去渣，兑冰糖、白蜜，合匀，候凉再兑冰片、朱砂面，搅匀，装磁瓶内收。"

在这个沤子里，就加上了药材和香料，还有冰糖、白蜜、冰片，等等，看起来很不错，不但可以外敷，似乎拿来吃都没问题。有兴趣的读者，完全可以自己 DIY 一个沤子试试看，说不定，效果不会比大牌的护手霜差。

洗手后用沤子，那么洗手时用什么呢？宝玉这里只用了清水，但其实贾府也有自制的洗手粉。三十八回里，一大家子聚着吃螃蟹宴，王熙凤替贾母剥蟹肉，一边又命小丫头们："去取菊花叶儿桂花蕊熏的绿豆面子来，预备洗手。"

其实，贾府用来洗手的这种绿豆面子，是古时"澡豆"的一种延续，宋代以前还没有香皂，所以就用豆子研磨成细粉，取其吸附污物的功能来清洁皮肤。孙思邈在《千金方》中曾记载过许多种"洗手面"的做法，有白豆面，有毕豆面，还有大豆面。

贾府选的是绿豆，这个选择很科学，在各种豆粉里，数绿豆的清洁能力最强。现代科学的抑菌实验证明，绿豆的提取液对葡萄球菌有抑制作用，绿豆中含有的单宁和黄酮类化合物，还有抗病毒效果。到如今，很多清洁面膜中还在使用绿豆。

而菊花叶的作用，很明显就是去腥了，桂花蕊，则可以在绿豆中增加一缕幽香。菊叶、桂花、螃蟹，都是秋天的时令物，用现采的菊叶和桂花蕊，蒸出绿豆面，再晒干，其中便留有桂花和菊叶的清香。用此物来洗调吃螃蟹时沾上的腥膻，真是再天然适合不过了。

不光是洗手用了菊花，宝钗诗中写到"酒未定腥还用菊"，看来这菊花还能拿来吃，只是不知道怎么吃？是和螃蟹一起蒸，还是做成菊花茶？

小小的细节里，无不透露出贾府日常的精致与用心。吃个螃蟹，菊花是从头到尾一直出现的，这菊花，一边赏，一边吃，能拿来入诗，还能拿来洗手。对了，刘姥姥和贾母，不是还曾经簪了满头的菊花吗？

这菊花，可真是物尽其用了，既有审美价值，又有实用价值。


## 丫头与桂花油


六十二回，湘云在宝玉的生日宴上，曾经念过一句酒令："这鸭头不是那丫头，头上那讨桂花油？"还被晴雯等罚了一杯酒："云姑娘会开心儿，拿着我们取笑儿，快罚一杯才罢。怎见得我们就该擦桂花油的？倒得每人给一瓶子桂花油擦擦。"

茉莉粉、蔷薇硝，我都从没见过，但是这个桂花油，真是亲切啊，每次读到这里，小时候的记忆就被唤醒了。上小学之前，爸妈工作忙，我就被带到山里的外婆家住好一阵子，总还记得，她的梳妆台上，就有这么一瓶桂花油，似乎是"香海"牌的，好像如今还能买到。

每天早上，外婆都早早地起床，准备一家人的早饭。我常在睡眼朦胧中，歪在床上看她梳头。先把头发在脑后盘成一个髻，然后从一个精致的玻璃小瓶中倒一点桂花油在手心，拿篦子沾了，仔细的抿好额前和两鬓的碎发。

我那时还很小，有时走路累了，会闹着要外婆背，伏在她的背上，晃晃悠悠的在山路上走，桂花油的香气一阵阵飘过来，那熟悉的、甜暖的香味，至今还让我怀念。

湘云说的桂花油，在那个时代，是女人不可或缺的化妆品。桂花油能够给头发定型，也能让发丝服帖、光亮、整齐。它的做法其实也简单：

摘取新鲜的桂花，挑拣干净，不能带小虫子、小枝叶，平铺在纸巾上略微阴干，再将处理好的桂花放满一个玻璃瓶。

取无香味的植物油（橄榄油或荷荷巴油），倒进瓶中加满，尽量不留空间，以防氧化，然后封紧瓶盖，静置 3～5

天。之后开封过滤，就得到桂花油，放进深色瓶子里避光保存就可以了。

这个方法，比较类似欧洲古典的脂吸法，利用油脂来吸附和保存桂花中的花香成分。

从前的女孩子们，都要有淑女风范，对发型极讲究，发髻总要梳得齐齐整整，一丝不乱，才显得正派端庄。黛玉有一回和姐妹们厮闹，鬓角微微松了，自己还没发现，宝玉朝她使了个眼色，她就心领神会，走回房中去抿头发了，想必也是用的桂花油。

而晴雯，也就倒霉在这里。她正在睡中觉，头发没梳好，就被人拖去见王夫人，王夫人一看她"钗鬟松，衫垂带褪"，就断定她必然是个狐狸精，立刻撵了出去，造成晴雯夭折的悲剧。可见，在当时，头发乱了，对女孩子而言，是很严重的事情，关乎品性和体面。

如今，早是女性解放的时代，崇尚自然和个性，女孩子的发型也是翻着花样的来，披发，马尾，爆炸头，怎么高兴怎么来，再也没有人会因为发型而指责人品行不端了，反倒是如果把头发抿得一丝不乱，才让人觉得古怪。桂花油，随着社会风气的改变，也从女孩们的梳妆台上彻底绝迹了。取而代之的，是更方便的摩斯、定型胶、啫喱水……

但是，我还是很怀念那个茉莉粉和桂花油的时代，科学的进步让我们享受了很多便利，但是很多缓慢、柔软、天然的东西也从此一去不回了。我想一个真正成熟的社会，绝不应该只讲究实用，而忽略传统，传统中有很多优雅而美好的事物，以及它们所代表的生活哲学，都值得继续保存、复活、传承下去。

# 食香记

前阵子看到一个数据，宣称现在的中国人，有70％的口味偏重，尤其嗜辣，但作为中国古典小说里写食物写得最精细、最讲究的《红楼梦》里，居然没有一个菜是辣的。

就连号称"凤辣子"的王熙凤，也从来没见她吃过辣，她最爱吃的似乎是野鸡，动不动就来一句"我屋里有烧好的野鸡"，估计是因为小产后贫血，又劳心，身子弱，所以经常要炖野鸡汤来滋补的缘故。

贾府上上下下，基本口味都一致，喜欢吃甜的。这也符合曹雪芹的出生背景，江南人氏，一水的淮扬菜系。什么奶油松瓤卷酥、菱粉糕、杏仁茶、枣泥山药糕……这些甜点的出镜率都很高，而在做甜点的同时，贾府更是巧妙的把园中各种花朵融入饮食之中，取其色、味，更取其独特之香。

# 桂　花

桂花，是食物中最常出现的，这不奇怪，桂花细小而香味浓烈，放到今天也是经常入菜的。大观园中种了许多高大的桂花树，薛蟠后来结亲的"桂花夏家"，就种了几十顷的桂花树，凡长安城里城外桂花局全是她家的，连宫里一应陈设盆景亦都是她家所贡奉。在当时，竟然有专门的"桂花局"，可见桂花是非常重要的经济作物，可以赏玩，可以入香、入药，更可以做食物。

我自己最拿手的甜点之一，就是桂花糖藕，做法简单。把藕洗净，中间塞上糯米，水中融上冰糖和桂花，高压锅压得熟软之后，取出切片就可以吃了。软糯的藕中，还有桂花的清香，冰镇之后香味更浓郁。

在《红楼梦》的食单中，桂花常拿来做糖。用糖腌渍后的桂花，能保存得更久，一年四季都可以吃，吃法很多。比如三十七回里，就写到袭人让宋妈妈给湘云送点心："端过两个小掐丝盒子来，先揭开一个，里面装的是红菱和鸡头两样鲜果，又那一个，是一碟子桂花糖蒸的新栗粉糕。又说道：'这都是今年咱们这里园里新结的果子，宝二爷送来与姑娘尝尝。'"

这糕点和果子，其实都寻常，难得的是园里新结的。袭人很有心，不仅把宝玉照顾得无微不至，连远在史侯府里的湘云也不忘记。湘云在史侯府里处境不佳，袭人这送的不是点心，更是一片秋冬寒意中的贴心和暖意。

这糕，我自己琢磨过菜单，尝试着做过。先取新鲜的栗子肉，剥壳搅碎成泥，取几勺桂花糖拌进去，稍微加一点淀粉增加黏性，用模子压出糕的形状，再上蒸笼里蒸熟，就可以吃了。它有新栗子的软糯，也有桂花糖的香甜，这两样刚好都是秋冬时令物，蒸笼一开，香气扑鼻，让寒冷的秋天也变得温暖甘甜起来。

四十一回里，刘姥姥游大观园时，桂花糖又出现了，这一次是藕粉桂花糖糕，《甄嬛传》里的"眉姐姐"似乎最拿手的糕点也是这个？想必编剧多半是借鉴了《红楼梦》的菜单吧。

除了桂花点心以外，我总想起一个关于桂花的小细节，三十八回里，大家吃完了螃蟹，准备作诗，宝钗一面构思，一面手里拿着一支桂花玩，俯在窗槛上，掐了桂蕊掷向水面，引得池中游鱼纷纷浮上来争食，看来桂花不光是人爱吃，鱼也很爱吃呢。

桂花，也叫木樨，蒋玉涵就曾经拿着一枝木樨唱"花气袭人知昼暖"，这也是为了后来让袭人嫁给他，预先埋下的一个伏笔。宝玉被打以后，王夫人为了让他有胃口，特地给了袭人两瓶专供皇家的"清露"，其中有一瓶"木樨清露"，就是桂花所制。

## 玫　瑰

　　清露中，一瓶是桂花所制，另一瓶里就是玫瑰了。三十四回中，宝玉挨了板子，王夫人心疼他受伤痛、暑气之苦，于是交给袭人两瓶清露：

　　"'前儿有人送了两瓶子香露来，原要给他点子的，我怕他胡糟蹋了，就没给……一碗水里只用挑一茶匙儿，就香的了不得呢……'袭人看时，之间两个玻璃小瓶，鹅黄笺子上写着'木樨清露'，那一个写着'玫瑰清露'。袭人笑道：'金贵东西，这么个小瓶儿，能有多少?'王夫人道：'那是进上的，你没看见鹅黄笺子? 你好生替他收着，别糟蹋了。'"

　　清代苏州人顾禄曾在《桐桥倚棹录》中记载过这两种清露的功效："花露……开瓶香洌，为当世所艳称。治肝、胃气，则有玫瑰花露；疏肝、牙痛，早桂花露。"

　　后来，这其中的玫瑰清露又被转送给柳五儿，从五儿眼中看到这玫瑰清露："小半瓶胭脂一般的汁子，还道是宝玉吃的西洋葡萄酒。"五儿的舅舅取了一小点，用井水兑了喝，便觉得"心中爽快，头目清凉"，看得我很好奇，这清露到底是什么呢?

　　看其描述，胭脂一般的汁子，是深红色的，似乎不是玫瑰纯露，也不是玫瑰精油，观其用法，只要一小勺就香得不得了，可以做饮料，也可以做甜点，似乎更像是食用玫瑰香精？总之，已经是如今不常见的东西了。

香露无论是入酒调味，还是作为代茶的饮料，或者作为香甜剂做点心，都非常清新宜人。李渔在招待客人时，让爱妾制作一种"花露拌饭"，当米饭刚熟的时候，把一杯花露浇在饭上，盖上锅盖焖一会，然后拌匀，米饭就带有了花香的气息，想必也是与"玫瑰香露"类似的花露。


明清时代，江南的大户人家很善于利用鲜花制作花汁、花露。冒襄就曾在《影梅庵忆语》中写到董小宛擅制花露："酿饴为露，和以盐梅，凡有色香花蕊，皆于初放时采渍之，经年香味颜色不变，红鲜如摘，而花汁融液露中，入口喷鼻，奇香异艳，非复恒有。"

曹雪芹书中写到的玫瑰清露，制作方法应该与市面上的不同，如同宝玉自制化妆品一样，曹家其实也善于蒸制花露。据记载，1697 年夏天，曹雪芹的祖父曹寅曾经向康熙皇帝进献过玫瑰露八罐。所以袭人看到这两瓶"木樨清露"和"玫瑰清露"上有鹅黄的笺子，因为它本来就是进贡皇家的，这一段，应该完全取材自曹雪芹真实的家史。

在曹寅的诗集《楝亭诗钞》中有《菊露和酒》一诗，非常具体地描写了家庭自制花露的过程：早晨摘下新鲜的花朵，密封在蒸馏器中，低火慢炊一天一夜，直到入夜以后，看到凝露开始从蒸馏器的流嘴中滴下。

翻看《楝亭诗钞》，常觉得曹雪芹的一身才情，真是得其祖父真传。曹寅喜欢竹子，喜欢白雪红梅，因为向往美好的仙境，而曾写下三十首《游仙诗》，我总觉得，这很可能就是曹雪芹"太虚幻境"最初的灵感来源。

曹寅也非常喜欢诗情画意的生活，在诗集中写到过许多精致的生活细节，后来，都一一被曹雪芹活灵活现的还原到了小说之中。

玫瑰清露，我们如今大概是无福享用了，但是袭人提到的，宝玉吃絮烦了的"玫瑰卤子"，我们倒还是可以尝试制作的。清代扬州盐商童岳荐，在他的饮食巨著《调鼎集》中就记录了制作玫瑰卤子的心得，"摘玫瑰花阴干，将梅卤量为倾入，并洋糖拌腌，入罐封好听用。"

在云南，曾经见人做过玫瑰花酱，方法可能和童岳荐书中记录的差不多。采摘新鲜的红玫瑰，取其花瓣，漂洗干净，然后把花瓣和等量的白砂糖放入石臼中捣烂，成为色泽艳红的花泥，最后再把捣好的玫瑰花糖，装入深色的玻璃瓶或瓷罐中保存。放置一段时间之后，玫瑰卤子就做成了，香甜可口，可以用来做茶，还可以用来当果酱，抹在面包上吃，还可以拿来做馅，做成美容又养颜的玫瑰饼。


## 杏　花

《红楼梦》里的小菜小点心，一样比一样精致，大名鼎鼎的茄鲞就不用说了，还有松瓤鹅油卷，油炸螃蟹馅的小饺子，听起来都是极尽巧工之能事。

然而，最让我神往的是胭脂鹅脯，那是柳嫂做给芳官吃的下饭的小菜。依据明代的食谱，这道小菜做法也相当复杂，要先把整只鹅用盐腌透、蒸熟，再取鹅脯，用新鲜杏花瓣制成杏腻，反复浇染，将鹅脯腌渍成胭脂色，然后再切成薄薄的一小碟装盘。

腌透的粉色鹅脯，呈现出薄薄的半透明的质感，像花瓣一样，咬进唇齿之间，口感劲道耐嚼，还有淡淡的杏花的甜香，再配上一碗新出锅的"绿畦香稻粳米饭"，暖香扑鼻，莹润的粉红鹅脯，粒粒碧青的米饭，精致又滋味丰富，简直就是艺术品。

曹雪芹的祖父曹寅曾在诗中写过："红鹅催送酒，苍鹘解留人"，这其中的"红鹅"，想必就是胭脂鹅脯了。据说，苏州观前街的小饭馆里，仍然可以找到"胭脂鹅脯"，下次去苏州，可要专门去找一找。


## 小荷叶小莲蓬


宝玉被打，卧床许久都没有胃口，有一回，突然提出想吃"小荷叶小莲蓬汤"。

宝玉想吃的这汤，本是一种汤面，先将面用银模子压出小小的莲蓬和荷叶等立体花样，然后以莲蓬荷叶垫底蒸熟，余入鸡汤，取荷叶的清香和鸡的鲜味，做成此汤。

关于荷叶莲蓬的清香，香菱曾道："不独菱角花，就连荷叶莲蓬，都是有一股清香的。但它那原不是花香可比，若静日静夜或清早半夜细领略了去，那一股香是比花儿都好闻呢。就连菱角，鸡头，苇叶，芦根得了风露，那一股清香，就令人心神爽快的。"莲蓬荷叶之香，清淡柔和，正适合宝玉病中食用。

凤姐听说宝玉要吃这个汤，在旁边笑道："口味倒不算高贵，只是太磨牙了。""口味倒不算高贵"，已经显出了贾府的派头，但这汤关键的不在食材，而在模具上。

汤模子一拿出来，连见多识广的薛姨妈都忍不住赞叹，真是绝了，"四副银模子，都有一尺多长，一寸见方，上面凿着有豆子大小，有菊花的，也有梅花的，有莲蓬的，也有菱角的，共有三十四样，打的十分精巧。"连喝个汤还要打银模子，三十多种花色都打得像豆子一般大小。如此费工费力的一个汤模子，凤姐却说只做过一次，就收起来了，这个细节也暗示出元妃省亲的规格和奢华，各样的富丽穿凿，简直是无所不用其极了。

# 梅　花

黛玉曾做诗云"沁梅香可嚼"，每次读到，就想起朋友曾经从日本带回来送我的盐渍樱花。

这樱花一般拿来泡茶或做甜点，但我偏喜欢拿来嚼。一朵八重樱可以分出许多花瓣来，一次一瓣，含在口中，等盐稍微融化之后，轻轻嚼一嚼，樱花的味道就出来了，如同很淡的茶，不注意就容易忽略过去，但确实是幽香的，微甜微涩。

不知黛玉是不是也嚼过类似的"沁梅"？想必是梅花做的吧。妙玉曾经收取梅花上的雪泡茶，要的就是那一种似有若无的淡香，浓了就不好，就俗气了。那雪中一点香，是得非常敏感的味觉，才能捕捉到的香气。

宝钗曾经让人给黛玉送燕窝，顺便还送了一大包"洁粉梅片雪花洋糖"，这糖的名字听起来很诱人，不知到底是什么。后人的考证有三种说法，一是认为这就是普通的冰糖，只是用了西洋的做法提纯，所以特别晶莹雪白，做成一片片如梅花的样式，是用来配燕窝，给黛玉熬粥用的。

第二种说法，认为这是一种白色的拌有冰片在内的粉末糖，"梅片"就是"冰片"，在古代医籍中又名"龙脑""梅花片脑""梅片"等，一般呈现半透明的片状和颗粒状，所以叫"洁粉雪花"。冰片糖气味清香，有止痛、防腐、消炎的作用，类似于我们现在的薄荷糖、润喉糖，气味清凉甘甜，可以在口中慢慢噙化。

第三种说法，认为这是白梅花做成的糖果，因为宝玉也吃过类似的东西，就是"香雪润津丹"，时值夏天，王夫人在凉榻上午睡，宝玉趁王夫人合眼，把身边荷包里带的香雪润津丹掏出来，往金钏口里一喂，谁知被王夫人发现，盛怒之下把金钏赶出贾府，造成她含冤跳井的悲剧。

"香雪润津丹"中的"香雪"指的就是白梅花，李时珍的《本草纲目》中记载过，白梅花入肺、肝经，可以清香开胃、散郁化瘀、生津助气，能安神，防止暑热心烦，头痛头晕。黛玉得的是肺病，同时又体弱气虚，情绪不畅郁结于心，夜里也常常失眠。这样看来，宝钗送白梅花制成的糖给黛玉吃，是非常对症的。


## 合欢花


白梅花在冷香丸中也曾出现过，另外，在鸳鸯给刘姥姥打点的礼物中，也有一味白梅花做成的药丸：梅花点舌丹。其实，不只是药中常用到花，酒里汤里茶里也都有，而且是严格按照节气和食物来的，比如黛玉常喝的香薷茶。

贾府食花，取其药用价值，更取其芳香、美观、雅致，还要取其名字吉利好听。比如贾府春节的宴会上，就上了四道"屠苏酒、合欢汤、吉祥果、如意糕"，其中屠苏酒与合欢汤，都是用香花香料所做，名字还十分吉利。

合欢花能做汤，也能做酒。吃螃蟹的时候，黛玉"拿起那乌银梅花自斟壶，拣了一个小小的海棠冻石蕉叶杯……斟了半盏，看时却是黄酒，因说道：'我吃了一点子螃蟹，觉得心口微微的疼，须得热热的喝口烧酒。'宝玉忙道：'有烧酒。'便令将那合欢花浸的酒烫一壶来。"

合欢花，自古便是男女相爱的凭证，一朵朵蓬松似球，颜色由粉入白，自花蕊深处至尖，像刚染过胭脂的小小粉刷，有羞涩天真的姿态。记得最初在《华山畿》中读到"欢若见怜时，棺木为侬开"，心中惊动，这可不就是合欢吗？据说，这也是梁祝故事的雏形。

古时女子，称心上人都是一个"欢"字，其后确实隐着温柔暧昧，不知多少欲说还休。而曾经的女孩子，也有这样的风俗，在定亲之后，会于春天亲手采摘合欢花，浸入女儿红，做成合欢酒，在成婚当日，洞房里与丈夫交杯共饮，寓意将来婚姻幸福美满。

黛玉和宝玉，虽然最后未能成亲，共饮此酒，但原来早在心疼之时，黛玉已喝过宝玉斟来的热热的合欢酒。这闲闲的一笔，今日读来，不知怎么，忽然也像黛玉一样，觉得心口有些微微的疼了。

# 香物三缘

　　《红楼梦》很美，而这美感的重要来源之一，就在于它是一部宿命之书。宿命的阴影在书中时时出没，处处点题，最明显的，当然是在第五回中，警幻仙子以红楼十二曲的方式，向宝玉细细交代了每个人的命运。

　　且看探春的那一曲《分骨肉》："自古穷通皆有定，离合岂无缘？"再看那一曲《飞鸟各投林》："分离聚合皆前定。欲知命短问前生。"对于宿命，曹雪芹是怀着怎样一种无可奈何，又悲伤又温柔的感情来书写的啊。无论懂或不懂，知与不知，每个人总归赖不掉前世的冤孽，今生的夙债，逃不出命运的翻云覆雨手。

　　除了这些非常明显的段落以外，在书中，他也埋下无数伏笔，尤其是在宝玉的尘缘、仙缘、俗缘这几段情缘之上，曹雪芹更是巧妙地借用了几件有香气的物件给读者暗示故事最终的走向。

第一个物件，是茜香罗。

先说茜香罗这个物件，它出现在二十八回里。蒋玉菡与宝玉一见倾心，于是在背人处交换见面礼。蒋玉菡将腰上系着的茜香罗交给宝玉时如此说：

"这汗巾子，是茜香国女国王所贡之物，夏天系着，肌肤生香，不生汗渍。昨日北静王给我，若是别人，我断不肯相赠。二爷请把自己系的解下来，给我系着。"

宝玉听说，喜不自禁，连忙接了，将自己一条松花汗巾解了下来，递与琪官（蒋玉菡）。茜香罗，是来自茜香国的供品。"茜香国"当然是曹雪芹的杜撰，他还杜撰过"女儿国"、"真真国"等并不存在的国名，和宝玉的"玉"一样，都表现出《红楼梦》神话性、魔幻性的一面，所以"茜香罗"这东西在现实中是否存在，也很难说。

有后人曾经考证过，"茜香国"的原型可能是苏门答腊群岛，那里盛产香料，有龙涎、龙脑、沉香、安息香等珍贵的香料，而且因为很多香料本身就是暗红色，所以做成的汗巾子"茜香罗"也自然是红色的。

"茜香"中的"茜"字指的应该是"茜草"，它是一种历史悠久的植物染料，古时也称为"地血"，早在商周时代，人们就用茜草根给织物染色，丝绸经过茜草的漂染后，可以得到非常漂亮的红色，而且还有淡淡的幽香，李群玉在《黄陵庙》中就曾描写"黄陵女儿茜裙新"。

大致可以推断，这条茜香罗，应该是丝绸做成，用茜草根作为染料，再加上苏门答腊特产的珍贵香料浸泡，能够达到"肌肤生香，不生汗渍"的神奇效果。

这一条会散发奇香的茜香罗，曹雪芹用它指向的是宝玉肉身的俗缘，它最终牵系的是袭人和蒋玉菡。袭人是宝玉第一个发生了肉体关系的女人，本来做宝玉的妾，是铁板钉钉的事，最后却嫁给了蒋玉菡。

有人推测，蒋玉菡与宝玉可能也曾发生过肉体关系，宝玉甚至为了蒋玉菡承受了一顿差点送命的毒打，说明他们之间有一笔前生的凤债。即便没有肉体关系，两人交换贴身汗巾这件事，本身也是极为亲密的举动，充满浓厚的"性"意味的暗示。

宝玉送给蒋玉菡的松花汗巾是袭人的，后来又趁袭人睡着时，把茜香罗系在她的腰里，袭人本来不想要，结果拗不过宝玉只好收下来。这一收，也就等于冥冥之中，宝玉替两人交换了信物，袭人自此也就等于与蒋玉菡定亲，收下了这一段姻缘。

蒋玉菡名字中也有一个"玉"，许多红学家都曾指出，名字里带"玉"的，与宝玉的关系都是不一般的。黛玉自不必说了，还有"妙玉"，她与宝玉是有佛缘的，而"蒋玉菡"就是与宝玉有肉身的俗缘，他在宝玉出家之后，代替宝玉迎娶了袭人，给了袭人最终的归宿。

袭人服侍宝玉，呵护管教，无微不至，犹如宝玉的母、姐、婢、妾，几乎扮演了俗世中的一切女性角色。她是宝玉生命中一个极重要的女人，是宝玉在俗世的牵挂。所以，必须要有一个近似于宝玉"化身"的人物，才能够完满地接续这段俗缘。

白先勇先生说，大凡读《红楼梦》的人，都只把关注点放在了"黛玉、宝钗、宝玉"这一段三角关系上，却不太有人注意到，其实"宝玉、袭人、蒋玉菡"也是一段三角关系，这是一段世俗的爱情，它的结局可能更圆满，更近人情。

不可忽视的是，这条茜香罗，除了三人以外，还有一个重要的幕后人物，就是北静王。北静王在书中是个极为神秘的人物，他地位极高，相貌俊美，每次出现都如同自带仙气一般。且看他第一次出场，曹雪芹对他外貌的描写：

"话说宝玉举目，见北静王水溶头上戴着洁白簪缨银翅王帽，穿着江牙海水五爪坐龙白蟒袍，系着碧玉红鞓带，面如美玉，目似明星，真好秀丽人物。"

一身白，再加上一个醒目红鞓带，北静王的美真让人过目难忘，然而，他在书中的作用，却很类似两个在颜值上与他构成强烈反差的人物：癞头和尚和跛脚道士。因为，北静王和他们一样，总是在关键时刻出现，要不就送了一个有重要作用的物件来，要不就帮助贾家消灾避难。

北静王不但长得有仙气，而且冥冥中似乎也与警幻仙境有某种神秘的联系，他送给蒋玉菡的这一条茜香罗，通过宝玉，最终送给了袭人，如同一根月老的红线，牵起了三人之间的这段奇缘。而且，后来贾府被抄家的时候，也是北静王忽然出现，保护了贾家，没有被抄家的无良官员折辱得斯文扫地。他与那一僧一道，很可能都是宝玉的保护者，半人半仙，不属凡间。

如同那一僧一道带来的"风月宝鉴"一样，北静王赏赐或赠予的物件，通常也都不是俗物，他不但送了蒋玉菡一条茜香罗，也曾经在与宝玉见面之时，送给他一个鹡鸰香念珠。当然，这也不是随手乱送的。

鹡鸰香念珠，出现在第十五回里，它同样是曹雪芹杜撰的一件香物，在人间是找不到相似物件的，如同"风月宝鉴"和"茜香罗"一样，也是一个名贵而奇异的，带着些神话色彩的东西。但是，曹雪芹的杜撰，都不是空穴来风，背后总深藏着一些典故和秘密，关于这个鹡鸰香的手串，它的含义有两种不同的说法。

第一种说法认为，"鹡鸰"象征着兄弟之情，北静王送这个手串给宝玉，说明把他当作了兄弟，但是如果结合后文，看到这个手串后来的归宿，就觉得这种说法未免太简单了。

而第二种说法支持的人更多，认为这个手串被写作"鹡鸰香"了，其实这是一个抄本上的错误，它原本的意思应该是"零陵香"。零陵是一种香草，很早就被古人拿来入药，或当做熏香使用。而"零陵"则是个地名，位于湖南潇水和湘江汇合之处，古称"潇湘"，实际上就是舜陵的别称。

"零陵香"源于舜帝的两位妃子娥皇和女英的传说。舜帝南巡，死于零陵，娥皇和女英千里迢迢来寻找舜帝的陵墓，一路走，一路伤心哭泣，直到泪尽泣血，血泪洒在竹子上，就成了斑竹。读到这里，你们一定想到了谁？对，就是黛玉。黛玉的别号，不就是"潇湘妃子"吗？

黛玉所住的潇湘馆，也有斑斑泪竹。而黛玉本身来到世间，就如同娥皇女英一般，苦苦追寻，把一生的眼泪还了宝玉，最终泪尽人亡。在刘禹锡的词《潇湘神二首》中曾经提到过"零陵香"：

湘水流，湘水流，九疑云雾至今愁。君问二妃何所处，零陵香草露中秋。

斑竹枝，斑竹枝，泪痕点点寄相思。楚客欲听瑶瑟怨，潇湘深夜月明时。

从这里，就很明显的可以看出，北静王所赠的这串念珠，应该就是"零陵香"，而且它很清晰地指向了黛玉，是另一个信物，用来指向宝玉与黛玉的一段仙缘。

而这个信物最终的结局如何？之前我们说到，代表宝玉俗缘的"茜香罗"被袭人收下了，最后这段姻缘果然成就。但是到了"零陵香"念珠这里，北静王送来的信物，却被黛玉拒绝了。

十六回中写到，黛玉出远门刚回到贾府，宝玉便去看她：

"宝玉心中品度黛玉，越发出落的超逸了。黛玉又带了许多书籍来，忙着打扫卧室，安插器具，又将些纸笔等物分送宝钗、迎春、宝玉等人。宝玉又将北静王所赠麒麟香串珍重取出来，转赠黛玉。黛玉说：'什么臭男人拿过的？我不要它！'遂掷而不取。宝玉只得收回，暂且无话。"

读了很多次《红楼梦》之后，每次再读到这些小段落时，真是佩服曹雪芹的本事，闲闲一笔，看似不要紧的东西，现在想来，却好似心中被一个闪电照过般的雪亮。谁能想到，原来多少命运的细节，就藏在这些根本不会注意到的，不经意的小事之中，黛玉自己又怎么会知道，这一扔，扔掉的不仅是一个手串，还就此扔掉了宝玉和她的缘份。

之后，在黛玉为了她到底能不能嫁给宝玉这件事，多少次的彻夜难眠，心如刀绞，却怎么也不会想到，当她扔掉这一串念珠的时候，命运就已经决定了。就如《枉凝眉》里所唱的那样："若说没奇缘，今生偏又遇着他。若说有奇缘，如何心事终虚化？"

黛玉和宝玉的缘分，就这样在一串念珠的掷回之下，就此失之交臂，擦身而过了。

黛玉拒绝的，不只是缘，还有情。而这个情，也同样寄托在一件香物之上的，那就是她绣给宝玉的香囊。

香囊，自古以来，就代表爱情，早在先秦时代，年轻男女之间互相表达爱意的方式，就是在春天去野外采集芬芳的花草，当作礼物送给对方。屈原在《九歌·山鬼》中就曾写过"折芳馨兮遗所思"，在《楚辞》中，湘君、山鬼都曾经怀抱香花，等待着心爱的人。其实到现在，人们也还是用送花来表达爱情的。

只是，新鲜的花草不容易保存，也不好随身携带，所以，为了让爱人的情意能够常伴左右，随身携带，情人之间逐渐变成了赠送香囊，把阴干的香草装在一针一线绣成的精美丝带中，作为定情信物。

三国时期的一首定情诗中就曾写到："何以致扣扣，香囊系肘后。"香囊可以系在裙带上、衣带上，或贴在胸前、怀中作为贴身之物。带着体温的香囊，就像一份温柔的情意，必须是极亲密之人才可相赠的礼物。傻大姐就曾经捡到一个绣着春宫画的香囊，是司棋和表弟潘又安的定情物，后来，也是这个香囊，惹出了查抄大观园的祸事来。

说回黛玉的香囊。黛玉因为身体不好，容易疲倦，所以很少做针线，但是，她却非常用心的给宝玉绣了两个香囊。这两个香囊，就是她对宝玉的痴情。而黛玉脾气急，有洁癖，又骄傲，当她无意中误会宝玉把香囊赏给了小厮，一气之下，就把新做给宝玉的香囊，拿剪刀绞了。这一剪，也是个不祥的预兆，暗伏了她和宝玉感情的最终结局。

如果说香囊，是黛玉对宝玉的感情，那宝玉给黛玉的感情，则是那两方用旧的手帕。这个巧思，大概也只有读过这首诗的人能够会意：

> 不写情词不写诗，一方罗帕寄相思。
> 心知拿了颠倒看，横也丝来竖也丝。

香囊与罗帕，一来一往，穿出了一双小儿女的深情与相思，而这两件东西，后来在黛玉病重之时，又无意中出现在黛玉的眼前，当这个线索再次出现时，如同一记丧钟，暗示了黛玉不久之后的死亡。黛玉扔掉了零陵香念珠，又赌气剪碎了香囊，最后，她又焚毁了宝玉的手帕，这三样定情信物，最终一样也没能留下，而这一系列的毁灭性的，宁为玉碎的动作，既是黛玉的性格，也是她的命运。

从此，她与宝玉缘断情绝，天人永隔，心事终虚化。

说完了宝玉与袭人的俗缘，与黛玉的仙缘，不得不再来说一说，他生命里另一个重要的女人：与宝钗的尘缘。

宝玉与宝钗的婚事，从一开始似乎就不是秘密。宝钗有金锁"不离不弃，芳龄永继"，宝玉有玉"莫失莫忘，仙寿恒昌"，这一金一玉，也是始终让黛玉如鲠在喉，极没有安全感的一对信物。

除了这一对明显的金玉以外，两人还有另一对信物，也是一件随身佩戴的香物——红麝串。正如金锁和玉一般，这对红麝串，是元妃所赐，其他人都没有，唯有宝钗和宝玉有，这也很明显的看出了选择宝钗，是众望所归，代表着贾府最高权威的贵妃的心意。

说到这里，觉得有点讽刺。北静王给了一个零陵香的手串，元妃则给了一个红麝串，两个人都位高权重，却来自不同的价值体系，北静王更像仙佛世界的代言人，而元妃则像儒家宗法文化的代言人。宝玉向往的、珍贵的，当然是零陵香所代表的那个体系，但这个手串最终没能送给黛玉，甚至后来当元妃赐下红麝串时，宝玉还想把红麝手串再次送给黛玉，可是黛玉仍然没有收。

而宝钗对这个红麝串的态度，却刚好相反，一收到就很欢喜的把它戴在了手上。这里也引出了一段有些香艳的场景——"薛宝钗羞笼红麝串"：

宝玉笑道："宝姐姐，我瞧瞧你的那香串子呢。"可巧宝钗左腕上笼着一串，见宝玉问他，少不得褪了下来。宝钗原生的肌肤丰泽，一时褪不下来。宝玉在旁边看着雪白的胳膊，不觉动了羡慕之心，暗暗想道："这个膀子若长在林姑娘身上，或者还得摸一摸；偏长在他身上，正是恨我没福！"

忽然想起"金玉"一事来，再看看宝钗形容，只见脸若银盆，眼同水杏，唇不点而含丹，眉不画而横翠：比黛玉另具一种妩媚风流。不觉又呆了。宝钗褪下串子来给他，他也忘了接。

这段因红麝串引发的描写，应该是对宝钗的身体第一次详细的刻画，从眉目到手臂，作者第一次借宝玉的眼光来细细打量宝钗之美。这也是宝玉第一次对宝钗动心，而这眼光中蕴含的情欲味道，似乎也暗示着将来宝玉将会与宝钗发生肉体上的关系。

讽刺的是，宝玉心想："这个膀子若长在林姑娘身上，或者还得摸一摸；偏长在他身上，正是恨我没福！"可是后来他终于娶了宝钗，宝钗的膀子他倒是能够摸到了，而黛玉，才是那个他"没福"去触碰的人。

说宝钗与宝玉是尘缘，因为那一段婚姻，不是前世盟约，只是今生对红尘世界的一个交代，《红楼梦》固然常常说到"色即是空"，却并没有轻视任何一种人生，曹雪芹也同样尊重在儒家的传统下继续生活着的人们，在宝玉出家之前，还了他们一个相对圆满的结局。

宝玉最后还给父母一个功名，也留下一个腹中胎儿给宝钗，好实现重振贾府、兰桂齐芳的愿望，同时也还给袭人一个好归宿。他如同哪吒，割肉还母，剔骨还父，把一切该给的都给了，最后才一无所有的离开这个世界，赤条条来去无牵挂。

宝钗，带着那幽香的红麝串，披挂着那沉重的黄金枷锁，不能像黛玉和宝玉那样一走了之，她还要负担她的使命，撑起贾府，继续她的人生。而无论是红麝手串，还是茜香罗，还是最终不知下落的零陵香手串，现在回头想去，那些香气都似乎带着荒愁的意味，这荒愁的香气，大约与警幻仙子让宝玉品尝的那一茶一酒，是同样的滋味吧。

千红一哭，万艳同悲。

ヒツジソウ

ハナスヲウ

hanazwo

# 品 香

# 茶香系：

## 宝鼎茶闲烟尚绿

  《红楼梦》的诗句第一次惊艳到我，大约是在初中的时候，我清楚记得那是一个夏天的午后，窗外蝉鸣不止，我在一台老电扇前坐着，对着暑假作业发呆，作业的旁边随手摆着本《红楼梦》。风把书页吹到第十七回，我不经心的一看，恰巧就碰上了这一句"宝鼎茶闲烟尚绿，幽窗棋罢指犹凉"。

  在那个炎热的、日光倾城的午后，读到这样的句子，真是叫人心中一静，仿佛见到潇湘馆的千竿翠竹在风中轻轻拂动，斑斑竹荫之下，黛玉愁眉微蹙，倚窗出神的样子。案上的宝鼎里，新沏的龙井还微温，一缕茶烟，透出淡绿的影，一局残棋，对弈的人才刚刚走开，玉石的棋子还在指间留下微微的凉意。

  这句诗里，那种幽微而又精妙的美感，大约从来都是中

137

国美学里最动人的那个部分。一个妙龄少女，深锁闺中，心里有一点的清冷孤单，却又没到孤独的程度，就像一根冰凉的羽毛在心上轻轻地拂过，是一种可堪玩味的寂寞。说实话，后来宝玉也再没写出过这么好的句子，这种对细微之境的妙到毫颠的刻画，大概也是他创作的巅峰了。曹雪芹的诗才惊人，这样的句子就算放到辉煌的唐诗宋词里面去比一比，也是毫不逊色的。

茶在《红楼梦》里，是一个不可忽略的存在。以茶入诗的地方很多，宝玉在二十三回中所写的"四时即事"中，有三首都写到了茶，可见，茶是一个多么家常的东西。

"倦绣佳人幽梦长，金笼鹦鹉唤茶汤。"（《夏夜即事》）
"静夜不眠因酒渴，沉烟重拨索烹茶。"（《秋夜即事》）
"却喜侍儿知试茗，扫将新雪及时烹。"（《冬夜即事》）

我对《红楼梦》喝茶的场景，印象最深的一幕，倒不是后来鼎鼎大名的妙玉品茶，而是黛玉初进贾府的那一次：

"寂然饭毕，各有丫环用小茶盘捧上茶来。当日林如海教女以惜福养身，云饭后务待饭粒咽尽，过一时再吃茶，方不伤脾胃。今黛玉见了这里许多事情不合家中之式，不得不随的，少不得一一的改过来，因而接了茶。早见人又捧过漱盂来，黛玉也照样漱了口。然后盥手毕，又捧上茶来，这方是吃的茶。"

贾府讲究排场，规矩繁琐，饭后竟然不是用水，而是用茶漱口，还好黛玉机敏，懂得察言观色，才没有把第一道茶喝下去，否则就要显出小家子气来，让人笑话了。这一个细节设得极好，一方面看到了贾府里的贵族做派是何等奢华，一方面又点出了黛玉寄人篱下，活得多么卑微而小心。

脂砚斋在此处批注了另一个典故，来自《世说新语》："王敦初尚公主，登厕所时不知塞鼻用枣，敦辄取而啖之，早为宫人鄙诮多矣。"王敦是寒门出身，后来娶了公主，在皇宫里上厕所时，看到一个漆盒里装着干枣，不知道是用来塞鼻子的，于是就拿来吃了，后来被宫里的佣人们耻笑了好久。

所以啊，贵族们都是有涵养的，不会把鄙视写在脸上，但是和贵族一起生活，要处处小心。所有的生活细节，对他们是平常，对没有见过世面的人，就都是陷阱，一不小心就要着了道，露了怯，连黛玉这样的千金小姐都差点出错，更何况是平常百姓了。

从"茶"这个物件里带出贵族感，在书里绝不止这一次。就说妙玉请宝钗和黛玉吃体己茶的那一次吧，曹雪芹在这里十分聪明，全然没提是什么茶，而是绕过茶，细写了喝茶的器皿，以及烹茶的水，更显出茶的金贵。妙玉烹茶，给贾母用的水，是雨水，给黛玉宝钗喝的，就是梅花上收的雪。

煮雪烹茶，真的会让茶更好喝吗？这点我持保留意见。

因为"茶圣"陆羽曾经发布过一个"水质排行榜",细细考察了天下适合泡茶的水,第一名是庐山康王谷水帘泉的水,第二名是无锡惠山石泉水,而排在最末的是雪水。

妙玉用"梅花雪"烹出的茶,大概取其一尘不染的风雅意味更多吧。妙玉的茶具都有很奇怪的名字,黛玉用的是"点犀䀉",而宝钗用的是"瓟斝",有人曾经专门考证过这两个器皿有什么象征含义,我并不十分赞同,故此不表。但光是看这拗口的茶具名,也可以知道,这必定是名贵而少见的珍玩了。

品茶,不光要讲器与水,还要讲环境,三十八回说到贾母到了藕香榭,见栏杆外竹案上,放着茶具,两三个小丫头正在扇风烹茶,贾母便赞:"这茶想的到。"老太太赞赏的正是茶境,藕香榭建在水中央,四周绿水环抱,风清气爽,远处丝竹之声穿林度水而来,此时配上一杯清茶,真是再出尘清雅不过了。

中国人爱茶,爱到成为一个道。从器皿到用水,从温度到仪态,无不极尽讲究。茶香有一种留白的美,它的温煦淡雅,有安抚人心的功效,所以品茶从来不只是解渴,不为茶本身,而是在一系列缓慢而留白的境界里,让浮躁的灵魂得到休息的过程。

当宝玉说自己能喝一大海茶的时候,妙玉便笑他:"岂不闻'一杯为品,二杯即是解渴的蠢物,三杯便是饮牛饮骡了'。你吃这一海，便成什么？"妙玉之言，虽是取笑，也带出茶道的一种精神：惜物。这种精神从中国发端，但在日本被贯彻得最好，并且不仅是茶，这一种惜物的精神，也被日本人衍生到了更多的事物之中。

那是一种用心感受美好之物的态度，一杯茶在手中，暖手、闻香，在舌尖感受它的滋味，再安静地细品之后的回甘。那是一种珍惜，无论对物对人，若有这样的心，大概都会活得更加宁静而愉悦。

现代物质已经极大丰富，人们可以拥有许多好东西，但真正能去理解和珍惜永远是少数，大多人只希图拥有，买了许多包包鞋子扔在家里，连包装纸都不拆。那其实只是欲望，而不是爱。珍惜是什么呢？我想，看宝玉和薛蟠的对比就很分明了。薛蟠喜欢香菱，为了把她占为己有，不惜打死人，但真正得到香菱之后，也不过几天工夫就"看的跟马蓬风一般"。但宝玉对女孩子的态度，则是怜惜和敬重的，无论是小姐、丫头、戏子，他都有丰富的共情力，他并不在乎到底是不是拥有，他对这些女孩儿，是真正地去理解、欣赏、感同身受的。也无怪宝玉是"神瑛侍者""绛洞花主"了，他的前世，本来就是在天上照料奇花仙草的小仙童。

再说回品茶，真正让我见识到《红楼梦》品茶极致的，其实不是妙玉，而是宝玉喝的"枫露茶"。因为这茶名字新奇，闻所未闻，于是我好奇心大起，去翻了翻典故，果然还真的有。清代医家顾仲的《养小录·诸花露》记载：

"仿烧酒锡甑、木桶减小样，制一具，蒸诸香露。凡诸花及诸叶香者，俱可蒸露，入汤代茶，种种益人，入酒增味，调汁制饵，无所不宜……"

枫露，就是取香枫之嫩叶，入甑蒸之，滴取其露，再点入茶汤中，即成枫露茶。也就是说，泡枫露茶的水，不是普通的水，而是用枫树的嫩叶蒸出来的，一种类似叶汁的纯露，茶汤鲜红，其色如血。

这一泡茶，得蒸多少香枫的嫩叶，我也没计算过，想必也是非常多了。偏偏这个枫露茶，还不是泡了就能喝的，用宝玉的话说，还得"泡三四次后才能出色"，宝玉只喝那泡得最出色的一道，这得用多少枫露来泡它，想想都很惊人。

"枫露茶"不光贵在水，究其茶叶本身，也是非常名贵的，应该是属于白茶中的"白毫银针"，原料是极细小的茶芽，形状似针，白毫密被，色白如银，产量少而极名贵，在曹雪芹那个时代，绝对是只有皇家和贵族才能享用的茶叶。白毫银针因为很细嫩，所以加工时未经揉捻，茶汁不易浸出，所以宝玉才说，要三四泡之后，茶味才被完整地析出，此时的枫露茶，才最为出色。

现在的地产文案上，动不动就喜欢出现一句"低调的奢华"，但大多名不副实，如同鲁迅先生说："穷措大想做富贵诗，多用些'金''玉''锦''绮'字面，自以为豪华，而不知适见其寒蠢。"真会写富贵景象的，有道："笙歌归院落，灯火下楼台。"想真正懂得什么叫"低调的奢华"，还是得看《红楼梦》，枫露茶就是个极好的例子。

这个枫露茶，也是个如同茄鲞一样的存在，这已经不是简单的饮食，完全就是一种极尽巧工之能事的美食艺术了。从这么一个最小的吃食上，都完全可以看出贾府的吃穿用度，讲究到了何等惊人的程度，也可以推想，其他方面的花销想必更加惊人，这样的排场，就算是金山银海，只怕也要被掏空了。

大风起于青萍之末，梧桐一叶而天下知秋。

曹雪芹的高明就在于，他通过这一个个细节的铺排，一点点地坐实了贾府败落的必然性。后来的他，回想起家族的历史，发现原来败落从来不是一时一地突然发生的，而是一步步走向终点的。贾家这个韶华极胜的大家族，从一出场，就奔向不可挽回的命运，像一列满载着奇珍异宝，却已然失控的火车，车上的人全都浑然不觉，兀自还在吃喝玩乐，自以为平安无事。但其实所有细节却都在一齐用力，向着悬崖的方向开，最后这列车一头扎进深渊，家破人亡的终局，已非人力所能救赎。


"枫露茶"这个茶的味道，我当然是无缘得品了，但是香水之中，却可以找出与它相类的存在。宝格丽曾在 2003 年推出它的经典之作"白茶"，正是我想象中的"枫露茶"会有的感觉，十二分的收敛清淡，不酸不甜、不蔓不枝。

"白茶"和皮肤融合之后的效果，就像刚抽完一支七喜薄荷，还残留在身上的淡淡烟草味。它几乎没有扩散性，完全不会被旁边的人闻到，只有自己举起手腕贴近鼻尖的时候，才能闻到一点余香。它是非常微妙而矜持的味道，是属于只想讨好自己的人才会选择的那种香。

除了"白茶"之外，宝格丽几乎做全了所有茶香系的香水：红茶、黑茶、蓝茶、黄茶、绿茶、大吉岭。可以说这一套茶香系香水，是它家在香水界扬名立万的扛鼎之作，每一支都很有特色。红茶温柔娴静，黑茶锋利张扬，黄茶华丽贵气，绿茶则清透别致，而蓝茶是男香，一支典型的少年香，暧昧、体贴、柔情似水，每次闻到，我都忍不住想到宝玉，简直就是比着他的个性调出的香水。

特别值得一表的，是大吉岭茶。大吉岭茶是印度红茶的一种，味道甘醇，几年前，我去印度旅行，每天都在喝这种茶。在路边的小摊子上，花几个卢比就可以买到一杯，印度人不用纸杯子，而是用一种烧制的粗糙的小黏土杯，当做一次性杯子来使用，喝完以后，就要当即把杯子摔碎在地上，意为"尘归尘，土归土"。

因为熟悉大吉岭红茶的味道，所以初次闻到宝格丽的"大吉岭"，觉得它和想象中的味道差距甚远。它的味道湿润而飘忽，不带情绪，更像水雾而非茶香。后来才明白，这支香水想还原的大概不是茶本身，而是大吉岭吧。大吉岭是喜马拉雅山脉的一部分，海拔高、雾气多，终日云蒸霞蔚的所在。而这支香水也如此，细腻、柔润、有点仙气。它着力带出一种潮湿的雾感，这个味道会令人想到山石上的青苔、丛林中的露水、透过雾气照进林中的白蒙蒙的日光，闻久了，颇有一种"只在此山中，云深不知处"的意境。

大概是骨子里的贵族的精致所致，曹雪芹也是个完美主义的极致，他的完美主义就表现在从来不放过任何一个细节，他会巧妙地用物件匹配人物，从而把人物刻画得更加立体。除了宝玉那令人咂舌的"枫露茶"以外，其他人也都各有自己的茶，贾母喝老君眉，袭人和晴雯是女儿茶，刘姥姥喜欢浓茶，而宝钗爱喝淡茶，每个人的特征都在一杯茶中有所见地。

黛玉常喝的茶，是龙井。大约因为林妹妹是江南人，所以惯喝绿茶，贾府其他人喝茶的口味都偏北方习惯，只有林妹妹还执着地喝着她的龙井，大概也算是一种乡愁。龙井清澈而超逸，与黛玉通身的气质也很搭，若寻一种与龙井类似的香水，我会想到 Jo Malone 珍茗系列中的"玉露茶"，它香味清透，常引发我的通感，如同一种可见的嫩绿，带着微微的苦与涩，还有一点带着体温的润。

黛玉日常还喝一种"暹罗茶"，这是王熙凤送的，据说是御用的贡茶。别人都喝不惯，唯有黛玉说还不错，还因此被王熙凤打趣："吃了我们家的茶，怎么还不给我们家做媳妇？"这个暹罗茶，大约是泰国进贡的茶叶，具体是什么茶已不可考了，大约也不是我们常见的品种。但我每次读到这一段时，却总一厢情愿的觉得，这个茶应该是"马黛茶"才

145

对。原因大概是威劳瑞希的那一支香水"马黛茶"，它是迄今我闻过的所有茶香系里，最令我惊艳的一支。

马黛茶本是南美所产，但这支香却调出了十足的禅意。细品起来，它应该是薄荷、草药加上一点淡淡的脂粉香，勾画出一幅"清晨帘幕卷轻霜，呵手试梅妆"的美人图，清凉中有温暖，明澈中有柔和。

它令我想起有一年，在圣彼得堡，波罗的海岸边，满目荒凉，唯见白雪，而一棵枯树之下，有一对情人紧紧拥抱，旁若无人地亲吻着，那种感觉就是天荒地老。这支香水的美，就在于它冷中见暖，她着力营造出一种天寒地冻的气氛，而在寒冷之中，又轻轻回身，给你一个拥抱，而那一个拥抱，就成为世间最温暖的所在。

黛玉其人，也是如此。清冷的表象背后，是滚烫的一捧心。而这样的一颗心，往往总是在世间遭遇命运的冰雪。总说晴雯是黛玉的影子，而晴雯那令人痛心的结局，也同样是在一杯茶中完结的。宝玉去看被赶出贾府，寄居在哥哥"多浑虫"家中的晴雯，那已是她临终的时分了。她直喊渴，叫宝玉拿茶给她喝，那一碗茶，是用油膻的碗盛着的，绛红的不知是什么茶，晴雯却一饮而尽。

那茶的苦涩、低贱、肮脏，正如晴雯当时的处境。而回想当日，晴雯在怡红院里，过的是什么日子，俨然是半个小姐，五十一回里，晴雯只在熏笼上围坐，让麝月服侍着她漱口，吃上好的细茶。回想晴雯判若云泥的处境，真正是应了那句"心比天高，命比纸薄"。

待到七十八回，宝玉听闻晴雯身死，悲伤不已，他写了"芙蓉女儿诔"，祭物之中竟又出现了"枫露之茗"，也就是我们前面说过的枫露茶。而枫露茶，在这一回中出现的意义，已完全升华了。早在四十六回庚辰本双行夹批中就写道："千霞万锦，绛雪红霜，露者何形？圆润如珠，晶莹如泪。"晶莹如泪，鲜红似血，这岂不是也很像警幻仙子所说的"千红一窟"吗？

千红一窟，是红色的。枫露茶，是红色的。晴雯临终所饮的苦茶，竟也是绛红的。单看都不觉得什么，但三种茶放在一起看，简直要心惊，这哪里是茶，分明是血泪了。而这悼词"芙蓉女儿诔"，悼的亦不单是晴雯，根本是天下的女儿。

苏轼有词云："春色三分，两分尘土，一分流水。细看来，不是杨花，点点是离人泪。"细看来，枫露原来也不是茶，点点是女儿泪。

# 酒香系：

## 芳气笼人是酒香

　　琴、棋、书、画、诗、酒、茶，每一样都值得单挑出来，写一篇文章。秦可卿的卧室有联云"芳气笼人是酒香"，写得很温软，让人神往。但曾经，在年少的我看来，酒哪里有什么香呢？酒的味道大多是刺激性的吧，除非想求一醉，否则为什么要喝酒呢？

　　直到我有了第一瓶以"酒香"为主题的香水：气味图书馆的"金汤力"，才略略明白了什么叫酒香。它不是用鼻子去闻的那种香，而是通过鼻腔、口腔萦绕在一起的，那种微辣而温暖的余韵，一种微微的晕眩和醉意。"金汤力"以杜松子和青柠调和，气味纯净，据说张曼玉常年用着这支香，也确实很合她的气质。

　　酒在《红楼梦》中，也算是重头戏了，《红楼梦》中几乎人人喝酒。哪怕是像黛玉这样身子娇弱的小姐，平时饮食极其小心，在宴席上也是喝酒的。三十八回，螃蟹宴上，黛玉心口疼，要喝两口热热的烧酒，可见，黛玉是把酒当药喝的。

现在人喝的大多是冷酒，甚至到了夏天还得喝点冰镇的才爽快。但是《红楼梦》中人极少喝冷酒，只有宝玉喜欢喝冷酒，还经常被人拦着。无书不知，精通医理的宝钗，就从养生的角度劝过他："宝兄弟，亏你每日家杂学旁收的，难道就不知道酒性最热，若热吃下去，发散的就快，若冷吃下去，便凝结在内，以五脏去暖他，岂不受害？从此还不快不要吃那冷的了。"王熙凤也提醒过宝玉："宝玉，别喝冷酒，仔细手颤，明儿写不得字，拉不得弓。"

宝玉不算是《红楼梦》第一酒鬼，但喝的酒种类最多、最洋气的要数他了，他在怡红院常喝的，是西洋葡萄酒。怡红院里的洋货最多，什么西洋的鼻烟、穿衣镜，俄罗斯的雀金裘……在当时，意大利天主教会的传教士很多，更有位极人臣的利玛窦、汤若望，不但将国外的科技文化介绍给皇帝，大概也推荐了不少本地的特产，曹家与皇室关系紧密，这个葡萄酒很有可能来自意大利，专供皇家贵族也说不定。

红酒在欧洲历史悠久，其香醉人，香水中也多有以此为灵感的创作。最精彩的一支，我认为是 FM 的"一轮玫瑰"。这支以"红酒"为主题的玫瑰香，甫一推出，就迅速走红，实在是因为它的特色鲜明，极有个性，特别符合这个时代推崇的纯粹与爽利。

它用料高级，不惜工本，没有什么拐弯抹角的欲拒还迎，没有废话，也不需要衬托，它直白而霸气，以红酒和玫瑰开场，带着葡萄醉人的醚味扑面而来。闻一会简直有点微醺，像喝了一杯上好的红酒后开始上头，脸颊都会跟着泛红起来，之后，更以上好的蜂蜜和麝香收尾，余味甜蜜，醇厚而悠长。

除了红酒以外，酒香系还有许多精彩之作。比如阿蒂仙的一支"狂恋苦艾"。苦艾酒，是梵高爱喝的酒，一种绿色的致幻酒。这支香水，也同样是致幻的迷药。前调以黑加仑、当归和苦艾打头阵，剑走偏锋，有一线辛辣，如烈酒入喉。之后生姜、丁香、肉豆蔻等香料慢慢加入，渐渐唤出全身的暖意，像恋人的耳鬓厮磨，春风十里。尾调则以焚香和冷杉结尾，超逸不凡，有种特别高级的撩人感，克制的撩，撩得精准有分寸，当得起大师手笔。


算起来，《红楼梦》中酒的品种多到令人咂舌，什么金谷酒、绍兴酒、蕙泉酒、桂花酒、菊花酒、合欢酒……酒具也有各种材质的，金银铜锡自不必说了，还有陶土细瓷、竹木兽角、玻璃珐琅，还有海棠蕉叶冻石，看得人眼花缭乱。

喝酒的场景，六十多回也有提到。任何情况都要喝酒：年节酒、祝寿酒、生日酒、祭奠酒、待客酒、接风酒、践行酒、赏月、赏花、赏雪、赏灯、赏戏……稀奇古怪的酒令更是层出不穷，什么牙牌令、占花令、曲牌令、故事令、击鼓传花令、射覆、拇战，让今人叹为观止。

这样大规模的喝酒，必定有醉。醉酒，总能催生出戏剧性的冲突来，曹雪芹当然懂，所以利用"酒醉"，他真是写出不少好戏来。

酒的妙用，一来能壮人胆，平素不敢做的事，喝了酒，就敢做了，平素说不出的话，发不出的火，借着醉意，索性都可以发出来。比如尤三姐，心里痛恨贾珍、贾琏，把她们姐妹两人当粉头取乐，想要好好讥讽教训其一顿，也必须以酒为道具，喝得半醉之后，才能使出霹雳手段来。还有焦大，喝醉了酒撒泼，先是骂总管，后来连主子都一并骂起来："我要往祠堂里哭太爷去。那里承望到如今生下这些畜牲来！每日家偷狗戏鸡，爬灰的爬灰，养小叔子的养小叔子，我什么不知道？咱们胳膊折了往袖里藏。"

曹雪芹巧妙地借着焦大的这一场醉骂，把宁国府里鲜为人知的一面抖了出来。鲜明地点出了今日和往昔的对比：想当年，祖宗打江山，创业维艰，而今天的子孙们却一个比一个不成器，花天酒地，耽于淫乐，甚至还有乱伦的丑事。这么一段对家丑的感慨，要不是借着一个喝醉的老仆人之口，还真是没法向读者描述。

另一个酒后发飙的人，是宝玉。在薛姨妈家里，用糟鹅掌鸭信下酒，不知不觉就喝醉了。奶妈李嬷嬷拦着，他心中就开始不快，说出了真心话：

"踉跄回头道：'他比老太太还受用呢，问他做什么？没有他，只怕我还多活几日。'"已经开始踉跄，显然是喝醉了。之后回到怡红院，又发现李嬷嬷吃了他给晴雯留的豆腐皮包子，又喝了他的枫露茶，几件事累在一起，大发雷霆。

"将手中的茶杯只顺手往地下一掷，豁啷一声，打了个粉碎，泼了茜雪一裙子的茶。又跳起来问着茜雪道：'他是你哪一门子的奶奶，你们这么孝敬她？不过仗着我小时候吃过他几日奶罢了。如今逞的他比祖宗还大了。如今我又吃不着奶了，白白的养着祖宗做什么？撵了出去，大家干净！'"

宝玉的这次发飙，也与日常性格大相径庭，平时里宝玉是多么和气平等的一个人，小厮们把他身上的贵重东西全抢了去，他也就笑笑，随他们去。这一次，奶妈不过吃了他一点东西，竟然发了如此大的脾气。

这也是曹雪芹又一次巧妙地借着酒醉来作人物侧写。宝玉的性格，看似温厚，其实也有暴力的一面。比如第三回里，黛玉进府时，他就摔过玉。第三十回，他又因为袭人开门稍迟，就重重地踢了她一个窝心脚。宝玉虽然脾气好，但也有歇斯底里的时候，本性纯良温和，但因为娇生惯养，也有不少纨绔子弟的任性骄横。这种性格，以后大约也要吃亏。这么一写，人物的性格和命运，就变得更加立体了。

酒除了能壮人胆，还能挡人脸，无论闹了什么乱子，后来只推到酒上去就得了，只说是喝醉了，也就大事化小，小事化无。比如王熙凤，生日宴上喝醉了酒，回到家里撞破了贾琏的奸情，要搁在往日，大概也不至于闹得这么天翻地覆。正是因为酒醉，才打成一团，贾琏还差点杀人。这一场酒闹，不只撕破了凤姐和贾琏这对小夫妻的温情，更是显露出平儿处境中辛酸的一面，平时尽管和凤姐多么亲密，到底还是主子和奴才，人与人之间的关系，冰冷的本质，在酒醉后暴露无遗。

后来，贾母劝和的时候，众人都拿出"酒醉"来做理由。老太太开玩笑说："多吃了两口酒，又吃起醋来。"宝钗劝平儿："素日凤丫头何等待你，今儿不过他多吃一口酒。"而第二天，贾琏去给老太太赔罪，也是同样的借口："昨儿原是吃了酒，惊了老太太的驾。"大家都没错，全是酒的错。

三来，酒还像一种迷药，能把人平时掩藏在理性外表下的另一重人格跳脱出来。就说李纨吧，平时最寡言少语，老实本分，形如槁木的一个人，但在螃蟹宴会上，因为喝了点酒，就开始各种放飞自我。作为寡妇不能调戏男人，但可以使出浑身手段调戏丫头，抱着平儿摸个不停，边摸边夸："真是好体面模样。"这侧写人物的功夫真是一流，不直写她年轻守寡的寂寞，但是下意识的皮肤饥渴是压抑不了的。看得心里深深悲凉。

酒既有这么多妙用，也就难怪中国的酒桌文化盛行不衰了。

说到醉酒，还有两人，倒是可以拿来对比着看。一个是刘姥姥，醉酒后解手，误入怡红院。"袭人一直进了房门，转过集锦槅子，就听的鼾鼢如雷。忙进来，只闻见酒屁臭气，满屋一瞧，只见刘姥姥扎手舞脚的仰卧在床上。"

先是听觉：鼾声如雷；再是嗅觉：酒屁臭气；最后是视觉：扎手舞脚的仰睡着。怡红院是何等精致典雅的地方，又是养仙鹤，又是终日点着香，却无端闯入一个刘姥姥，又是放屁又是打嗝，满屋子臭气。

刘姥姥的身份，和环境的剧烈冲突，前面一路的铺垫，到了这场酒后醉卧怡红院，才到达了冲突的顶点。袭人见了，大吃一惊，虽然妥善地处理好了，但是不忘教刘姥姥说，若有人问起，就说是在石头上打了个盹。自然，刘姥姥在众人眼中，是绝对不配躺倒在如此精致的床榻上睡觉的，在园子里的石头上打盹，才是符合她身份的。

但可笑的是，这个在石头上打盹的人，偏不是刘姥姥，而是湘云。湘云是侯门的千金大小姐，本来她倒应该躺在小姐的绣床上，可她却偏偏躺到了园子里的一块石头上去了。原因和刘姥姥一样，也是喝醉了酒。索性一躺，稀里糊涂，落了满身的花朵，睡得不省人事。

这两件事放在一起看，是极有趣的。两人醉酒后，都躺在了和自己身份不相符的地方，都和环境产生了冲突，产生了戏剧效果。刘姥姥给人的感觉是牛嚼牡丹，糟蹋了宝玉的房间，是臭的，是丑的；而湘云给人的感觉是天真未凿、潇洒可爱，是香的，是美的。

我总觉得这两场醉卧，是曹雪芹有意为之。也许他想提醒我们：人在清醒的时候，有身份，有阶级；等到醉了，睡了，人与人都一样，都是一具赤条条的肉身而已。庄周梦蝶，醒来迷惑不解："不知周之梦为胡蝶与，胡蝶之梦为周与？"这一问，成为千古迷局。

如果庄周和蝴蝶，尚且不能分出彼此，到底谁是幻境，谁是真实，那么我们又凭什么把刘姥姥和湘云分得如此泾渭分明呢？也许，湘云不过是刘姥姥的一个梦，而刘姥姥也是湘云的一个梦。世间万物，正如一场大幻梦，醒来之后，哪有什么富丽繁华，哪有什么美丑，哪有什么香臭。

风月宝鉴，正照美人，反照骷髅，"假作真时真亦假，无为有处有还无"，什么是真什么是假，什么是有什么是无，两者真的能够区分那么清楚吗，还是它们本来就是相同的存在呢？曹雪芹孜孜不倦地写酒，也许他想说的是，酒啊，让人迷醉，让人失去理智，让人看不清世界的真相。或许只有在酒醉之后，我们才能看到另一种真相，那是比清醒时，更加透彻的真相吧。

# 柑橘调：

## 巧姐的柚子，板儿的佛手

　　前几日，天气晴好，下班步行路过水果店，很意外的，看到了一筐金黄的大佛手，凑近了闻一闻，在阳光下透出一阵阵怡人的香气，在这里能遇到佛手，真是罕见之物。于是，买了两只回家。

　　当然佛手是可以吃的，但是一般不会生吃，而是做成凉果食用。在红楼梦里，几次提到佛手，但最令人印象深刻的，是探春屋里的那一盆，书中写到探春屋内的摆设：

　　"案上设着大鼎，左边紫檀架上放着一个大官窑的大盘，盘内盛着数十个娇黄玲珑大佛手……板儿要那佛手吃，探春拣了一个给他，说：'玩罢，吃不得的。'"

　　之后，板儿的这个佛手，到了巧姐的手中，与他交换的，是一个柚子（香橼）。这里的柚子和佛手，也是曹公常用的以物喻人命运的手笔，作用类似湘云的麒麟，宝钗的金锁，他让巧姐和板儿在无意中交换了信物，埋下一处草蛇灰线的伏笔。

关于巧姐和板儿的结局，有两个说法，一是认为曹雪芹的原意是要巧姐嫁给板儿的，二是续写的红楼梦中，巧姐被嫁给一户姓周的财主。我个人比较赞同前一个说法，有两个证据，第一当然就是佛手和柚子（香橼）的交换，香橼象征着姻缘，而"佛手"暗含佛法无边、一切皆有前定的意味，就像孙悟空逃不出佛掌。佛手在这里的出现，也让我们看到，冥冥中似乎有一双看不见的佛手，将板儿和巧姐，这两个阶层迥异的孩子拉到了一起。"柚子"二字，也在暗含巧姐的身世，说明她日后将被父兄所卖，成为"游子"的命运。

第二个证据，是宝玉在太虚幻境看到的册子，上面画着的巧姐，是在一个荒村野店里，一美人正在纺绩，这里可以看出巧姐最后是嫁到了乡村的贫寒之家，还需要自己动手纺纱，而不是嫁给了富贵人家。

读《红楼梦》，第一遍时，只顾着看宝黛的爱情故事，然而读过几遍之后，发现最值得玩味的部分，其实都在这些细节之中。曹雪芹的完美主义在于他从来不会轻易忽略书中的任何一个人物，任何一段缘分。他总是布下密密的线索，最后让整件事水到渠成，毫无突兀之感。

他不仅给每个小人物取了语带双关的名字，暗合他们的性格与命运。甚至连"佛手"和"柚子"这些小小水果的选择，也同样在名字上下足功夫。

板儿和巧姐，一个是乡野村夫，流着鼻涕的农村孩子，一个是金枝玉叶，被捧在手心里的贵族小姐，如果前面没有任何的铺垫，到结尾忽然把他们两人拉成一对，虽然可以解释成是命运使然，但难免会让人觉得不那么合理和真实。

曹雪芹很善用小物，以小见大，用许多看似无心的笔法，小小的物件，带出一种宏大的命运感。两个孩子无意之中交换的果子，让他们有了某种类似缘分的交集。当命运最后揭开谜底的时候，我们再回头来看这些往事，就会忽然发现，真的是暗合了曹雪芹的那句"自古穷通皆有定，离合岂无缘"。

除去佛手和柚子的象征作用，我每回看到这里，其实心中想的是探春小姐真是会享受，屋里不焚香也不插花，唯独摆着数十个娇黄玲珑的大佛手，瞬时就满屋清香了，真是高雅不俗。

不过，拿佛手摆在屋子里闻香，倒也不是探春的首创。在古画中，常能见到富贵人家把佛手置于几案之上闻香，成熟的金佛手颜色金黄，能长久地溢出芳香，不但可以消除异味，而且其中释放出的某些元素，还可以净化室内空气，抑制细菌。

明清时期，尤其在北方，很多富贵人家会烧地炕，同时还会摆设些佛手、香橼，罗列满屋，就可使得室内经暖发香，这个习惯可能一直持续到现代。汪曾祺曾在 1982 年写过一篇小说《鉴赏家》，讲卖果子的叶三，"他还卖佛手、香橼。人家买去，配架装盘，书斋清供，闻香观赏"。

除了佛手以外，还有橙子，也是古人常爱用来闻香的果子。宋代便有直接用橙子充当薰帐闻果的做法，宋词常见诸如"红绡帐里橙犹在"、"曲屏深幔绿橙香"之类的描写；清代熊荣有"清香夜满芙蓉帐，笑买新橙置枕函"之句，可见直到清代还有堆放新橙清供，或放在枕头旁的匣子里闻香的做法。

到了现代香水中，更是把柑橘调用到了极致，在各色果香中，柑橘调的香水应该算是门类最广花样最多的。其中用的香料，除了佛手柑、橙子、葡萄柚，还有枸橼、苦橙、柠檬……

而一般我们在香水中看到的佛手柑，与金黄玲珑的大佛手不是一回事。它的英文名应该是 Bergamot，其实是指香柠檬，一种形似青色柠檬的水果。香柠檬与柠檬不同，它果酸弱，因含有清新的芳樟类成分而具有飘逸的花香。它的果皮气味芬芳，可提炼出香柠檬油，这种油常被用在伯爵茶中增香。

香柠檬精油可算是调香师的法宝，它价格昂贵，产量很少，但质量高，保存时间也长。它是精油界的好好先生，几乎可以协调所有精油的味道，而且能巧妙地衬托出其他香调，和花香、木香的融合度都非常好。在一款不协调的香水中，只要加入香柠檬精油，几乎都有化腐朽为神奇的力量。另外，它还有抵抗抑郁和焦虑的作用，能够宁神，带出清新又充满朝气的感觉。

除了各种柑橘类的水果以外，其实一些香草也是可以归类到柑橘调里的，最典型的就是马鞭草，它虽然是草，却完全没有青草香，它的味道更类似柑橘和花香。有位调香师曾说，马鞭草的味道准确描述是柠檬、桉叶油、天竺葵、苦橙花，这些香味的合集。看到这些香料，你大概也很难想出来它到底是个什么味道。如果让我形容，就是一种清凉酸沁，不带甜味，又极为提神的柠檬香。

用马鞭草的香水很多，比如阿蒂仙就出过一支质量很高的柠檬马鞭草香水，Jo Malone和德国的老牌古龙水4711都有马鞭草主题的香水。然而让马鞭草名声传扬的，莫过于欧舒丹家的马鞭草护手霜了。这支手霜质地清润，也很传神地提纯了马鞭草的原味。

柑橘调的香水，可操作的空间极广，可以甜美，可以苦凉，可以清淡，也可以馥郁；可以稳重优雅，也可以活泼天真。甚至，还可以做出青草和水的效果。

比如Calvin Klein的One，大约是柑橘调香水中最为经典，并深受市场喜爱的一支。它以佛手柑为主打，可是却调出了青草味的质感，冷峻、中性、提升格调，经常在高级服装店里闻到它，估计店员直接拿来喷在空气中。它的性价比很高，200多块就可以收一大瓶，喷起来完全不心疼，因此也是长盛不衰的畅销品。

我个人常年不断回购的一支柑橘调是爱马仕的"橘彩星光"。它应该是苦冷系的，但没办法我就是喜欢这个调。"橘彩星光"后来因为太成功，又出了各种限量版和特别定制版，但我仍然觉得最好闻的是初版。我曾在香评里如此写到："她在冬季是暖的，到了夏季，又清凉。第一印象很苦，苦到尽头又有妙不可言的一缕香。它的气味是那么孤独，就像旅人在朝圣的路途上，孤身一人跋涉过茫茫沙漠。而天边，又分明有一朵小小橘色烟花为她绽放，对她说，不忘初心。"

"橘彩星光"的味道是会令人上瘾的，上瘾于那一点又苦又暖的寂寞的感觉，而爱马仕也深知这是它们家香水的法宝，除了出各种特别定制版，又陆续推出了"爱马仕之光"以及"橘绿"，这两支其实和橘彩初版的味道非常近似，只是"爱马仕之光"闻起来更凉、更锐利一些，而"橘绿"则更加温柔与惆怅。

柑橘调总是容易给人以好感，有果香的清新和通透，却又没有西瓜、桃子之类的甜腻，能够显得人特别精神、洁净、有气质。但柑橘调也有短板，留香时间短是它致命的弱点，这也是果香类共同的短板。在古典的调香中，果香通常都只是拿来作为前调使用的，但是近年来，因为清新的果香调越来越受欢迎，所以不少香水品牌也开始把果香拿来作为主体调香了。

以柑橘为主打的香水，就我个人而言，在皮肤上的留香时间，一般不会超过3小时，之后就完全闻不到了，如果是在衣服上，通常可以留香一天。这也是我喜欢"橘彩星光"的又一个原因，它是少见的留香时间较长的柑橘调，喷在衣服上，三天之后，仍然可以清晰地辨认出尾调。

柑橘调是特别适合春夏季的味道，去踏青、去郊游、去约会，想要阳光明媚又干净的感觉，选一支柑橘调总没错。

夏天去海边度假的时候，很多人喜欢选海洋调的香水。但其实海风已经够咸了，海洋调到了海边，完全闻不出来。真正适合海边穿的香水，其实是明亮的柑橘调。

要选一支去海边的香水，我会选择欧珑的"西柚天堂"。葡萄柚和橙子作为主打，搭配淡淡的薄荷与黑醋栗，闻起来相当的明快清爽，令人心情大好。想象中，就该穿着它，带着宽边草帽，走在阳光明媚的海边，就像北野武的电影《那年夏天，宁静的海》一样，微微的甜美却不腻人，有点像橘子汽水加冰，还不停有可爱的小泡泡在浮现着，满满的都是专属于夏天的幸福。

欧珑这个品牌，近些年来开始慢慢在中国市场上有了热度，其实它是老牌古龙水世家，是欧洲第一个专注制造古龙水的香水品牌。比起一般古龙水极短暂的留香，欧珑的精醇古龙水，由于精油浓度高，所以留香度比较好，而且丝毫没有破坏清新的调性，所以一推出立刻被小清新们爱上了。

欧珑，在一系列柑橘调的古龙水上，尤其表现不凡。除了上面推荐的"西柚天堂"以外，还有一支"赤霞橘光"也很值得一试。另外，欧珑家的"纯净四叶草"也是一支非常淡雅的柑橘调。我觉得它特别适合周一的清晨，可以缓解因为接下来又有一周的繁忙工作而带来的无形压力。它的香味，就像是一个早晨，一切都是新的，都是可以重头再来的，一切都等着你去创造、去书写、去改变，让人心中充满温暖的希望。而且四叶草也是"幸运之草"，在职场上穿着它，应该会带来一些好运吧。

当然，我也知道，许多玩香的老手们也许会对柑橘调不屑一顾。的确，用香多年之后，可能很少有人再买柑橘调的香水，因为它的香味太直白简单，太小清新，玩不出层次和内涵，而且留香时间又短暂。

可是，正因为如此，我才爱它呀。它就像是青梅竹马、两小无猜的板儿和巧姐，两个孩子，一起玩耍，蹦蹦跳跳，毫无心机地捧着柚子和佛手，在阳光下咧开嘴，小脸上带着不谙世事的笑容，完全不知命运的阴影早已在身后悄悄潜伏。

柑橘调，就是这么的单纯和美好。虽然它留香短暂，可是它就像童年、青春，那些美好的时光、美好的事物，从来不都是短暂易逝的吗？

世间好物不长久，彩云易散琉璃脆。但是，哪怕只为了感受那一瞬间的幸福，我想，也应该拥有一支美好的柑橘调吧。

# 虚花悟:

## 青枫林下鬼吟哦

整部《红楼梦》，若说有一个核心的主题，那就是"警幻"。这种色中见空的思想，来自曹雪芹对佛家哲学的深深领会。他用各种方式不断地强调"死亡"的主题，在许多回目中，更是刻意地用生和死的强烈对比来强化死亡对现实的警醒作用。

比如第十六回，前半回刚写到"贾元春才选凤藻宫"这样的大喜事，后半回就立刻切到"秦鲸卿夭逝黄泉路"这样的悲剧中来。一边是元春风头正劲，富贵已极，与此同时，另一边却是一个俊美的少年尚未成人，却已经要殒命黄泉。正应了那一句"喜荣华正好，恨无常又到"。

再比如第四十三回，"闲取乐偶攒金庆寿"，凤姐过生日，那大约是贾府里最热闹的一场生日，贾母吩咐众人都凑了份子，又是请最好的戏班子，又是摆下几天的宴席，全府上下吃吃喝喝，热热闹闹，快活得不得了。然而笔锋一转，不写热闹，却写死亡。宝玉在这喜宴的当天，反常的换了一身缟素，一匹快马奔向城外的水仙庵，去祭奠投井而死的金钏。这一天不单是凤姐的生日，也是金钏的忌日，全府的人都只顾着给凤姐庆生，唯有宝玉，他静静出城，在井边燃起焚香，不了情撮土为香，为这个女孩的芳魂，含泪一拜。

金钏也是王夫人身边的大丫鬟，从小服侍了王夫人十几年，她曾经那么聪明俏丽的活过，而如今所有人都把这个姑娘的生命，忘到了九霄云外，大家嘻嘻哈哈，唱戏灌酒，就好像她从来不曾存在，也从来不曾惨死一般。

人间从来如此，由来只有新人笑，有人听到旧人哭？而《红楼梦》动人的地方，就在于其焦点往往相反，永远在锣鼓喧天的繁华中，落寞的把目光转向远处，满心怜惜的倾听着那角落中微弱的哭声。

这样的刻画，绝对是有意为之。在前后两个半回中设置强烈的剧情对比，如同在沸腾的油锅里兜头泼下一盆冰水。那看似坚不可摧的富贵繁华，其实就像一张薄脆的风景画，轻轻一戳，就漏进冷冷的寒风，是多么脆弱，多么容易破碎的幻觉。

希腊神话中的智慧之神西勒诺斯曾经如此谈论死亡："可怜的朝生暮死的人啊，无常与苦难之子！对你们来说，最好的事是永远达不到的，那就是根本不要出生，不要存在，要归于无物，而次好的事，则是早点死去。"

曹雪芹对死亡大约也持有相似的态度，他曾借宝玉之口多次吐露自己对死亡的看法。十九回中，宝玉说："只求你们同看着我，守着我，等我有一日化成了飞灰，飞灰还不好，灰还有形有迹，还有知识。等我化成一股轻烟，风一吹便散了的时候，你们也管不得我，我也顾不得你们了。"

三十六回中，宝玉又道："我此时若果有造化，该死于此时的，如今趁你们在，我就死了，再能够你们哭我的眼泪流成大河，把我的尸首漂起来，送到那鸦雀不到的幽僻之处，随风化了，自此再不要托生为人，就是我死的得时了。"

五十七回里，也说过类似的话："我只愿这会子立刻我死了，把心迸出来你们瞧见了，然后连皮带骨，一概都化成一股灰，灰还有形迹，不如再化一股烟，烟还可凝聚，人还看见，须得一阵大乱风吹的四面八方都登时散了，这才好！"

这固然可以说是宝玉"无故寻愁觅恨，有时似傻如狂"，但如果《红楼梦》中事，真的都是曹雪芹曾一一经历过的，那么他无疑目睹过太多惨烈的死亡，也难怪会对生命如此悲观。仅前八十回中就有37人死亡，几乎平均每两回就要死一个人，简直赶得上热播美剧《权力的游戏》里演员"领盒饭"的速度了。

无论是贾瑞的自淫之死，晴雯的含冤而死，尤三姐的自刎，尤二姐的吞金，秦可卿的自缢，本质上，其实都是一个脆弱的个体，在无常的命运面前被猛然击倒的过程。

虽然理智上，我们都知道人终有一死，可是许多活着的人们，在感觉上总以为生命是无穷无尽的，以为会永远活着，所以疯狂地沉迷于物质与名声的算计与追逐，从来没有人肯抬头看一看，眼前的路是否已经走到了断崖边。

人们就像动画片里的大野狼，追兔子已经追出了悬崖，却还不自知，直到低头一看，才发现自己脚下已经没有路，于是轰然坠落。也像古龙小说里出剑极快的剑客，一人一马经过面前，还没看到他的剑出鞘，马就已经被劈成两半，却还要等跑出十几米外，马才会倒地死亡。而死神，就像那个剑客，随时可能会在我们完全不留意的当下，就对我们劈出死的利剑。


死亡，是一旦失去就永远不再，一旦倒下就不再醒来。它是诀别，带着某种果断和冰冷的意志，它是纯洁地、彻底地完成，是深陷在灰色世界中的人们所不能达到的境界。

它的吸引力更来自幽冥的深处，来自于人人都必定要去，却没有一个人知道将会去往何处的所在。关于死后的世界，每一种文化、每一种宗教，都有过巨细无遗的幻想，有天堂，有地狱，有烈火，有蛆虫，有孟婆汤，有牛头马面，有无常与判官，然而这些想象的原型，始终是建立在对真实世界经验的重组之上的。然而，真正的死亡，仍然是绝对的秘密，是绝对的黑，绝对的不可知，它激发人心深处最大的好奇心，同时，也就成为人心中最无以名状的恐惧。

无论在世间，你曾置身于多么明媚的阳光之下，被多少亲朋好友的温情簇拥包围，到了生死的关口，你注定也只能是一人独行。不知何时，死亡就可能忽然降临到你身上，将你所有的一切剥夺殆尽，你在尘世间所有的权力都将毫无用武之地，你将独自一人，跌下那深不见底的黑色悬崖，踏上那看不到尽头的幽冥长路。

然而死亡，并不总是令人恐惧的，某些时候它也深深令人感到安全。它代表这个世界一切痛苦和劳累的终结，它代表着一切责任的重担，名声或身份的重担，都将从你肩头卸下。没有人能够再责备你，没有人能够再控制你，你不必再做任何不想做的事，你也不必再关心他人的眼光，不必再考虑今后的生活，你大可以像一个累极了的旅人，一头扎进死亡那温暖的黑色怀抱中，从此与世间一切的纷扰永远隔绝。

斯宾诺莎曾说："世间万物，无不尽力维持自身于不朽。"人生一切的欲望和挣扎，其实都是对死亡的抗拒，死的阴影包括了丧失、疾病、衰老、丑陋、软弱，而我们每日努力工作、娱乐、吃喝、恋爱，都是为了让自己能够从它的阴影中挣脱。

死亡，其实是生命最强劲的驱动力。正如村上春树所说："死，并非生的对立面，而作为生的一部分永存。"人们对死的态度，就是如此复杂。也因此，它是艺术、哲学和文学永恒的主题。

有一部很美的纪录片，叫《轮回》，拍摄于 2011 年，其中有一段震撼人心的记录，是僧人用彩沙绘制唐卡。圆形的唐卡之上，有天堂，有地狱，有众生，僧人们专心致志，倾尽心力，如同创造一个宇宙。

影片的镜头，就随着唐卡的绘制而展开，遍及世界的每个角落，记录下人们的生与死，爱与痴。最后，唐卡终于完成，还未来得及仔细观赏，僧人们便毫不留情地将这幅精美的沙画抹去，将彩沙混合，倒入大河中，随水而去。

它让我想起娇兰早在 1989 年便推出的经典作品——Samsara，与这部电影同名。太美的一支东方调，在娇兰所有老香里，我最爱这支，甚至超过"午夜飞行"和"蝴蝶夫人"，与那两支阴暗饱满的老西普相比，"圣莎拉"无疑更加温柔、宽厚、袅娜，更有女性的魅惑力。

它非常的甘醇与圆融，充满怀旧气息，一点奶香和一点檀香，温柔地把繁花似锦的百花包容其中。奶香，如同婴儿出生的天真，而檀香则是死亡和宗教的气息，其中的百花香调，更象征着也包含着人一生的岁月，无数繁华。

种种美好，心酸，在离开世界之前历历数过，向死而生，从阳间抵达冥界，再投向下一个轮回。"圣莎拉"的层次之丰富，意境之典雅，令我叹为观止。它正像那部叫《轮回》的纪录片，在沉默的镜头之下，红尘中许多风景在这苍凉又华丽的香味中一闪而过，从黄沙漫漫到灯红酒绿，从渺无人烟到车水马龙。从婴孩到垂暮老人，从最微小的，到最庞大的。

宇宙洪荒，天地苍茫，明明灭灭，众生皆有定数。而"圣莎拉"如同地母，孕育一切，又毁灭一切。万物皆始于她，最后，也终将复归于她。

调香师 Serge Lutens，似乎也特别偏爱死亡主题的香水，他的作品从概念到包装、调色，无一不带着某种死亡的气息。比如"柏林少女"，暗红如血，究其香味更是粘稠而甜腥，在潜意识里都指向对鲜血的暗喻。

在我看来，芦丹氏是迷恋死亡的，试图在作品中一再表达对死亡的思考，他很多作品的灵感，都取材于波德莱尔的《恶之花》，比如"幽暗深渊"，那些黑色的诗句在这些香水中被一一复活，让"恶之花"不仅可以被阅读，更可以成为穿在身上的气息，经由鼻尖传递至最敏感的脑神经，成为立体的，可以感知的。

芦丹氏的香水，也曾让我想到古龙，尤其是那支"夜衣剑锋"。它有锐利的金属气息，似乎能在空气里画出一个透明的结界，这种距离感，会令人感觉自己是安全的，不可侵犯的。"夜衣剑锋"，是在冷冷夜雨中负刀而行的傅红雪，又或是黑衣刺客聂隐娘，如蝙蝠静静伏在梁上，伺机而动，飘然而落，轻捷如一片黑色的羽毛，手中白刃快如闪电，十步杀一人，千里不留行。

在芦丹氏的作品中，死亡的气息幻化出千百种样貌，可以是"柏林少女"，粘稠而不祥，可以是"幽暗深渊"，郁结而潮湿，更可以是"夜衣剑锋"，利落而寒气森森。

《圣经》的马太福音中记载过，耶稣基督降生在马槽的那个夜晚，有三个东方的贤士，夜观天象，跟随一颗最亮的晨星前来寻找，并且朝拜他。他们为耶稣基督献上了三件礼物：黄金、乳香、没药。

有人将这三件礼物解释为基督的三重身份：黄金代表君王，乳香代表先知，没药则代表祭司。也有人将其解释为耶稣一生的经历：乳香代表降生，黄金代表荣耀，而没药则代表死亡。

从此以后，乳香和没药就成了西方整个天主教、东正教和基督新教世界最为推崇的香料，是所有的弥撒中不可缺少的气味。我曾经踏足圣地耶路撒冷，在那里的每一座教堂中，都能闻到乳香那苦中带甘的烟气，没药那枯寂神秘的幽香。从耶路撒冷回来之后，许久都还觉得那股香味萦绕在鼻尖，久久不散。

也曾经在最冷的冬季去到圣彼得堡，在皑皑白雪中走入一间幽暗的东正教教堂，黑衣祭司在烛火和古老的圣像前喏喏祈祷，身边一只精致的小香炉里，熟悉的香在静静燃烧。身处其中，仿佛灵魂都被香气熏染，得到了超拔和净化。

阿蒂仙鼎鼎大名的作品"冥府之路"，其中用到的香料就有乳香。除此之外，还混合了焚香、百合与安息香。这支香的成功，多半要归功它的名字，但其实"冥府之路"只是香水店所在的那条小巷的名字。

但它的味道，也确实衬得起这名字。前调冷而凌厉，一闻便似有夜风阵阵，寒意刺骨。随后变得柔和，却有了渺渺冥冥、飘飘荡荡的感觉，真是把我幼时在《聊斋》里看到的那种阴魂下地府的感觉抓到精微了。唯一不同的是它没有恐怖感，只有惆怅和眷恋，仿佛不舍得这个世界，仿佛丢失了什么东西，却又想不起来，心里莫名一阵空空荡荡。

在乳香和没药之中，我更偏爱代表死亡的没药。也曾着力去寻找，想准确还原出记忆中的没药香。比较接近的一支，是 Annick Goutal 的"没药微焰"，没药向来被认为是与死亡有关的香料，裹尸入坟墓用的。这支香也还原了死亡的意境，做得很干燥，很陈旧。

枯寂，像钻进了中世纪的黑城堡，满壁发黄的纸书，蝙蝠扑着黑翅膀掠过鼻尖，一丝微弱的火光深处，老巫婆在搅拌着巨大的熬药锅，空气中充满了神秘的宗教气息。一丝苦味在喉间久久萦绕不去，像刚喝完大碗中药。这个味道，是哥特风的绝配，但平时几乎用不着，除了葬礼和做弥撒，实在想不出还有什么场合能用得上这么沉郁的味道。

把没药做出温柔味道的，是娇兰的"没药狂想曲"，广藿、焚香、零陵香、甘草……各种东方香料和没药的大胆碰撞，最后出来的，却是温和里带着几分坚定与宁静。

它让我想到日本电影《入殓师》，哀而不伤，虽然描绘的是死亡，但却用最温柔的方式面对，用最珍重的仪式送别那些曾经在这世界活过、爱过、痛过、美丽过的人，这份温柔如白雪轻轻落下，覆盖所有的前尘往事，爱恨情仇在这温柔的香气中被一一安放。

就像《红楼梦》，一场欢喜忽悲辛，最终繁花落尽，春去冬来，最后给我们留下的图画，是干干净净一片白雪大地。那虽然是终结，是死亡的色彩，却也是新的开始，是把曾经的所有抹去，重归一张白纸的境界。

死亡带来的，不仅是寂灭，也是新生。生死轮回，而世事永恒，新的春天，也会在死去的大地之下重新被孕育、生发。

# 白花调：

## 淡极始知花更艳

（上）

　　若在《红楼梦》中，数出我最喜欢的三回，其中一回必是"秋爽斋偶结海棠社，蘅芜苑夜拟菊花题"。在我看来，《红楼梦》真正的高潮并不在元春省亲，虽然曹雪芹形容那是"鲜花着锦，烈火烹油"，但是那终归是外在的繁华，我想多年后，当曹雪芹回首自己的少年时代，想起《红楼梦》里最美的，大约不是元妃省亲那一夜的灯红酒绿，而应该是大观园里的春夏秋冬，是和黛玉、和姐妹们一同度过的诗酒年华。

在我看来，三十七回之前，大多的情节都是铺叙和杂记，曹雪芹真正开始发力，开始浓墨重彩的挥洒才华的章节，都是到了大观园之后才开始的，是从结了海棠诗社之后，才让我们真正惊艳不已的。脂砚斋也如此批注："此回才放笔写诗，写词，作札，看他诗复诗，词复词，札又札，总不相犯。"可见得，在这一回中，曹雪芹也是过足了诗瘾，写得痛快非常。

这一回的缘起，是说贾政点了学差，出门去了。宝玉没了管束，整日在园中闲逛，正觉无聊的时候，探春派人送来一付花笺，约他去结诗社，正巧此时贾芸为了讨好宝玉，送来了两盆白海棠，就此，海棠社正式结成。

贾芸在拜帖中写到："白海棠不可多得，故变尽方法，只弄得两盆。"确实如此。海棠花大多是红色或粉红色，白色极少，故海棠以白色为上品。

在王世禛的《池北偶谈》中曾记载过一个关于白海棠的传奇，说是有一姓范的烈女，已经订了婚，但还没嫁过去，未婚夫就去世了。范姑娘听闻此事，也就随即自缢身亡了。当时，庭前有一株海棠，花正开得多而艳丽，范姑娘一死，满树的海棠花忽然变白了。似乎海棠也有灵性，寄托着范姑娘的灵魂，看到她在最美的年华死去，花也有了哀悼之心，于是变白。一方面，是表达哀思，另一方面，是象征着她如冰雪般宁为玉碎的心。

海棠开白色的花，是一件稀奇的事。宝玉得了这两盆白海棠，于是大家就以白海棠为题，开始限起韵，做起诗来。

张爱玲曾提到过人生三大恨事：一恨鲥鱼多刺，二恨海棠无香，三恨《红楼梦》未完。海棠虽美，却没有香味，真是一憾。想来，若是白海棠也有香味，那一定会是种超逸而灵动的味道，因为没有香，也就只能从其形色上做文章了，饶是如此，《红楼梦》一众才女们还是写出了口齿留香的好诗文。

其实，把这些诗通篇读下来，你会发现它们并不一定只适合吟咏白海棠花，因为姐妹们压根就没看到那两盆白海棠，如宝钗所说："又何必定要见了才作？古人诗赋，也不过都是寄兴寓情耳。若都等见了才作，如今也没有这些诗了。"

那几首白海棠诗，其实着力都在花的"白"之上，如黛玉写"碾冰为土玉为盆"，宝钗写"淡极始知花更艳"，而探春写"雪为肌骨易销魂"，重点都在一个"白"。自然，白不仅仅是一种颜色，它更代表着一种精神境界，是干净，是纯粹，是素雅，是高洁。不独海棠，但凡所有的白花，几乎都会给人这样的感觉。

想起少年时代，喜欢读亦舒的小说。小说里的女主角，大多是剑眉星目，英气俊朗的女孩子，她们的屋子大多是全部打通，衣着简洁，不喜欢过多的装饰，而印象最深刻的，就是她们常会在水晶瓶子里插着一大束白色的香花。

后来有一次，看到《明报》对亦舒的访谈，她穿一件白衬衫，显得精神奕奕，身后果然也有一只水晶瓶子，插着数枝重瓣的栀子花。亦舒算是出身很好的，家里富裕，有文化，见过世面，完全够资格指导女孩子提升品位。我们那个时代过来的女孩子，大多从亦舒处学得不少时尚知识。对我而言，印象最深的，莫过于在家里插白色香花这件事。

我自己一贯喜欢白花，不拘什么品种。玉兰、栀子、百合、晚香玉、茉莉、白玫瑰、绣球，样样都觉得很美，路过花店，总要捎带几只，放在案头。工作累了，抬眼看到，就觉得欢喜，香味也很清幽，远胜过撒什么劳什子的空气清新剂。

尤其怀念小时候，每到夏秋之际，就会看到一个奶奶，带着头巾，挎着小竹篮，上面齐齐整整的摆着一对对的白兰、栀子，坐在放学的路上等人买，两毛钱一对。买下来别在胸前，能闻上好几天。自己的零花钱有限，总舍不得买，所以就常蹲在竹篮前左看右看，闻一闻香气，再恋恋不舍的走开。

一晃二十年过去了，有时候开着车，在上下班汹涌的车流中，正堵得烦躁的时候，忽然又会看到有人在车流中，穿梭着卖白兰花，每次看到都会买，给生活带来一点点小欣喜，花还是一样好看，但香味似乎比小时候淡了许多。

白色香花，在香水中也是一个大系，基本上所有品牌的香水线都出过以白花为主题的香水，最为人所熟知的大约就是三宅一生的"一生之水"了。

传说三宅先生在某个落雨的黄昏，独自凭窗眺望远处的埃菲尔铁塔，玻璃窗上滑落的雨珠让他产生了灵感，他想做出能代表这种境界的香水，一支足以陪伴自己一生的香水。于是，就有了"一生之水"。

后来这支香水果然没有辜负自己响亮的名字，它大获成功，到如今已面世 25 年，还在不断地推出各种版本，一度成为全球最畅销的中性香，无论男人还是女人都同样对它爱不释手，可说是"水生白花调"这个流派的扛鼎之作。"一生之水"的香料比较复杂，有用到诸如莲花、百合、晚香玉等各类白花，但都很微量，并不突出，"一生之水"成功的真正关键，在于它很巧妙地用到了铃兰。

铃兰，也被称为空谷幽兰，或是山谷百合。它的香味有一种通透的质感，它有水的气息，也有绿叶的气息，如果用声音的质感来类比，它比较像风铃声，会让人想到山谷中蒙蒙的雾气，阳光柔和地散射在森林里，青嫩的绿芽上有细小的露珠。

"一生之水"，正巧妙地把铃兰作为主打，调配出一种如水般通透的白花香调，它淡化了白花的妖媚和庄重，更加突出了其仙气和淡雅的一面。除了"一生之水"，许多香水都在使用铃兰，用以提升香氛整体的通透清新的质感。

亦舒小说中，也曾提到铃兰：

"铃兰这种花，也叫谷中之百合。白色而细小，只只像铃，也像小钟，沁人心脾。法国狄奥有种香水，叫'狄奥莉丝幕'，便用铃兰制成，非常茫然及幽美的香，若有若无，但是太高贵，不容易接近。"

Dior 的 Diorissimo，就是亦舒提到那只"狄奥莉丝幕"，也叫"茉莉花"，可算是 20 世纪 50 年代经典白花香水的代表作。它虽然大量使用铃兰，却调配出了一种神似茉莉花茶的香味，不像迪奥一贯的华丽作风，反倒很幽淡，很中国风。

它的调香师 Edmond Roudnitska 也是一代传奇，在他手中曾诞生过诸如迪奥的清新之水、罗莎女士等老牌名香，Diorissimo 自然也是他的心血之作，耗时六年，尝试无数次，才准确地捕捉到他想要的香味，其诞生的艰难程度不亚于爱迪生发明电灯泡。时至今日，估计很少有品牌有如此的耐心，来等待一个调香师对一款香水精雕细琢了，也因此，许多经典成了绝响。

在我印象中，经典老香大多是层次丰富、味道浓烈、充满时代风格的作品，但 Diorissimo 不是。它很单纯，没有太多野心，它就是一枝老老实实的白花，融合着淡淡的茶香，像一杯刚泡好的茉莉香片，幽远而清雅。

微苦而水润的茉莉茶香，从肌肤里淡淡散出，在空气里幽幽浮荡，让浮躁的心安静下来，进入一种空白如禅的境地中。更难得的，它有老香最大的优点，留香和扩散都很不错。闻过 Diorissimo，大约现代许多号称茉莉和茶的香水都难再入眼。它是一支永远不会过时的香水，它以简单胜繁复，以朴实胜过浮华。

茉莉是很小的白花，我甚至看过小如米粒的茉莉，而且似乎是越小越香。提起茉莉，我总想到迎春。迎春出镜的机会很少，总是配角，话也不多，是个没什么存在感的角色，却有一回，在大家构思菊花诗的间隙里，曹雪芹闲闲一笔，带到迎春："迎春又独在花荫下，拿着花针穿茉莉。"

迎春的诨名是"二木头"，戳一针都不知道"哎呦"一下。木讷又沉默的迎春，正如同那小小的茉莉一样毫不起眼，"肌肤微丰，合中身材，腮凝新荔，鼻腻鹅脂，温柔沉默，观之可亲。"

她总是安安静静地在自己的角落开放着，没有惊人的才华，没有耀眼的美貌，更没有别致的性格，从哪个角度来说，她都不能和其他女孩比肩。但我相信，她仍是曹雪芹最怜爱的女孩之一。

迎春虽然与世无争，却仍然躲不过命运的捉弄，最终，还是被凶狠的丈夫虐打至死。她的一生，极微小也极短暂，想来，那独自坐在花荫之下，穿着茉莉花的岁月，就是她短短一生中最珍贵，也最自由的时光了吧。


对大多数人而言，最熟悉的小小的白色香花，应该要算桂花了。

记得小时候，每到深秋，走在路上，就会闻到附近的桂花树上飘来诱人的甜香。那种香味总令我忍不住驻足寻找，待要细闻时，又杳然无踪了。曾经和小朋友一起站在桂花树下，摇着树枝，捡拾落在树下的一粒粒花，因为那时《书剑恩仇录》正在热播，每个小女孩都想成为香香公主。一个朋友不知从哪里看来，告诉我，如果用桂花熬过的水洗澡，身上的香味就一辈子不会散。

于是，我们用了一个下午，各捡了小小的一包桂花回家煮水，当然，我们最后都没有变成香香公主，可是现在想起还是会微笑，为了那个关于桂花的绮梦，为了童年时代那一份天真的爱美之心。

在《红楼梦》中，桂花也是个不可忽视的存在。比如袭人的判词"空云似桂如兰"，几个字就勾勒出了袭人温顺又会照顾人的形象。还有人推测，在宝玉出家之后，宝钗诞下一子，取名贾桂，后来与贾兰共同复兴贾府，所以又有"兰桂齐芳"一说。

宝玉的儿子，会取这个名字，大约也和"蟾宫折桂"的典故有关，在第九回中，宝玉要去上学，临行前辞别黛玉，黛玉就打趣他说："好，这一去，你可是要蟾宫折桂了。"

大观园中，栽有很多桂花，第七十五回里，贾母和全家一起赏月，便命人折了一枝桂花，来玩击鼓传花的游戏。那一回虽也热闹，但比起之前就显得有了几分凄凉，因为贾府已经渐渐的亏空，开始走过了繁华的巅峰，往下坡路滑去了。这一点最后的繁华，恰如秋天里的桂花香，最后的甜蜜，最后的芬芳，紧接着漫长而寒冷的冬天就要逼近了。

我也曾着意去找过桂花的香水。因为桂花的味道甜甜的，很讨巧，容易搭配也容易变化，因此精彩之作不少，但是，正因为桂花甜美讨喜，做出它的闹一点都不难，难的是做出桂花的静。也就是"人闲桂花落，夜静春山空"的味道。

我自己比较欣赏的，认为达到了这个境界的香水，一支是爱马仕的"云南丹桂"，另一支是芦丹氏的"八月夜桂花"。

"云南丹桂"，也是JCE的经典作品之一。它不同于一般桂花的香水，老老实实的贴着桂花走，而是美在别出心裁。前调中，桂花的甜香一闪而过，而后甜味就被巧妙的抽离了，只留下一抹花香的温柔，并在其中融合了淡淡的茶香，幽远而开阔，如同俯瞰着白雾弥漫的茶山之谷。到此，我以为这支香水已经非常了得了，然而到了后调，居然又有一个别出心裁的转折，它从茶香转为了略带一点烟熏感的木质香，把人带入了另一个意境之中。

闻这支香水，就如同《老残游记》里写到的"绝唱"：

"恍如由傲来峰西面，攀登泰山的景象：初看傲来峰削壁千仞，以为上与天通；及至翻到傲来峰顶，才见扇子崖更在傲来峰之上；及至翻到扇子崖，又见南天门更在扇子崖上。愈翻愈险，愈险愈奇。"

这三调非常清晰的转换，足见调香师的功力。见识完这支香水的全貌，就可以感觉到它并不适合女人，得是有点阅历，性格淡泊的老男人才撑得起的味道。用桂花来做男香，大概也就JCE有这个胆识，敢揽下这个高难度的创意，而且还完成得非常漂亮。

如果说"云南丹桂"是远离人间的山谷之静，那么"八月夜桂花"就是另一种静，是人间的静界，是大隐于市的月夜桂花。它另有一个名字，叫"玻璃纸之夜"。如果说植物就像一盏灯，那么香味就是它们的光。桂花极小，香味温暖而朦胧，如同许多绽放出洁白光芒的小小萤火虫，在空气中幽幽漂浮，更显出夜的静谧。如同夏夜，吹拂着晚风信步湖岸，抬头仰望天边淡蓝的月牙儿，空气中有微微的桂花香。温柔，还有点清凉的惆怅。

"八月夜桂花"，想表达的正是中秋的月色吧。在贾母带着众人赏月的那个中秋之夜，黛玉与湘云独自避开了众人，悄悄沿着小径，走去凹晶馆里谈心赏月。

"只见天上一轮皓月，池中一轮水月，上下争辉。粼粼然池面皱碧铺纹，真令人神清气静。"

正是在这个夜晚，黛玉对出了"寒塘渡鹤影，冷月葬花魂"这样绝妙的诗句。当时只觉她灵气逼人，如今想想，却是一句何其不详的谶语。谁能料到，在这个中秋之后，没过多久，黛玉便驾鹤西去，魂归离恨之天。

那一夜，她与湘云在池边的笑语，想来已是天人永隔，连带着那一夜的月色，那一夜的笛声，那一夜风中的桂花香，都仿如隔世，成了黛玉的芳魂在世间永恒的留影。

在《红楼梦》人物的描写里，其实黛玉很少被提及具体的样貌和衣着。大概是因为曹雪芹用的是宝玉的视角，在宝玉看来，黛玉之美，不在形，而在魂，正如香气一般，超逸、高洁，捉不住，也说不出，少时便如烟云聚散，消失不见。她最后留给宝玉的，留给我们的，只有一个"零落成泥碾作尘，只有香如故"。

哪怕她只活在书中，我未曾谋面，却觉得她比一切真实的人物离我更近，更贴心。中秋之夜，在手腕涂上一丝"八月夜桂花"的香气，遥望着远方的月色，就权当是对黛玉的怀念了吧。

（下）

说到白花，《红楼梦》里出现得最密集的一次，也是给人留下最深印象的一次，莫过于宝钗的冷香丸了。第七回中写到宝钗有个顽疾，是娘胎里带出的一股热毒，吃凡药不中用，亏了一个和尚，给了个海上仙方子，那就是"冷香丸"的药方。说起这个方子，真是非常奇特，不仅奇，还非常美。很多熟悉《红楼梦》的朋友，都能把这个方子给背下来：

"要春天开的白牡丹花蕊十二两，夏天开的白荷花蕊十二两，秋天的白芙蓉花蕊十二两，冬天的白梅花蕊十二两。

将这四样花蕊于次年春分这一天晒干，和在没药一处，一起研好……再要雨水这日的天落水十二钱，白露这日的露水十二钱，霜降这日的霜十二钱，小雪这日的雪十二钱。把这四样水调匀了，丸了龙眼大的丸子，盛在旧磁坛里，埋在花根底下。若发了病的时候，拿出来吃一丸，用一钱二分黄柏煎汤服下。"

看到这个方子，简直要叹服曹雪芹的想象力，这哪里是药，分明就是天地精华。四时的花序中，选了最有代表性的四种白花，还不要花瓣，只要花蕊。再加上四个节气，雨、露、霜、雪，也是洁白透明之物。

曾有学中医的朋友说，这个冷香丸，可绝不是故弄玄虚，它确实是对症的。宝钗说犯病时的症状是"不过喘嗽些"，可见是肺病，而在中医的理论里，肺为白色，所以用白色花蕊治此病之根，再配上蜂蜜和四节之水，就有润肺定喘的功效。

另外，我想冷香丸的疗效，一部分还来自于心理作用。中医常常强调药材的难得和稀少，药似乎就变得更有疗效了，比如鲁迅先生曾经讥讽过的"原配的蟋蟀"，冷香丸也有这种感觉。首先，这是个云游和尚给的"土方"，有某种神秘感，民间总是相信土方比正常的方子更管用些，更何况还来自于一个和尚。其次，冷香丸的制作工艺这么繁琐，天时地利人和都得有，难得"可巧"二字，既然配起来这么麻烦，那想必是有效的了。

曹雪芹给宝钗开出这样的药方，最后还要用极苦的黄柏煎汤来服，当然不只是为了治病，更是一个隐喻。隐喻什么呢？我私以为，有三重含义。

第一重含义，表达了宝钗的贵重。黛玉固然是天上的绛珠仙子下凡，而宝钗也一样是集天地灵秀的美好造物。冷香丸，用四季最美的花蕊而造，以曹雪芹对花朵的怜惜和爱重，这样的药自然不是谁都配吃得的，宝钗配吃它，因为宝钗本身也是极贵重的人品，是"山中高士晶莹雪"。

第二重含义，它暗喻了宝钗的命运。如同黛玉在葬花词中所说"一年三百六十日，风刀霜剑严相逼"，遭受着风刀霜剑的，不只是黛玉，同样也是宝钗，只是她生性豁达沉稳，很少把情绪和痛苦的一面表达出来就是了。但是，冷香丸中的雨、露、霜、雪，宝钗一样是通通咽进了肚子里的，她和黛玉，和姐妹们一样，经受着时间的轮回，命运的洗练。千红一哭，万艳同悲，谁也没有比谁更好过些。

第三重含义，它要用黄柏汤来送服。黄柏是极苦寒的药，但它有镇静的功效。当贾府败落，王熙凤身死，探春远嫁，宝玉出家之后，能够撑起这个家的，唯有宝钗。或许人们不喜欢宝钗，总觉得她不够有个性，没有黛玉和宝玉那样的洒脱与真性情，可是，当真性情的人们或为情死，或一走了之，最后负起责任，一步步的把日子认真过下去的人，唯有宝钗。

她端着手中的这碗极苦的黄柏汤，一点点把药送服下去，苦不苦呢？当然很苦，责任本身就是一件痛苦的事。若能够选择，谁不愿意做一个真性情的人？谁不想拍手无尘，无牵无挂，挥洒于天地之间呢？可是，宝钗选择了去做一个照顾他人，挑起家庭重担的人。她喝下这碗苦药，是为了家族能够获得一线生机。

很多人说《红楼梦》是歌颂伟大爱情，批判封建文化的一本书。在我看来，曹雪芹并没有特定的思想立场，或刻意地要去批判谁，他固然爱写佛家、道家，也一样很懂得儒家，他写的是不同的人生选择。他理解，也懂得每个人的选择。

他把黛玉写得很美，宝钗也一样绝色。她们美得如此不同，却又一样的惊心动魄，黛玉的超逸，宝钗的沉着，在曹雪芹眼中都是动人的。

试想想，宝玉和姐妹们，能够生活在大观园中，终日吟诗作赋，锦衣玉食，难道不正是因为有贾政、元春这样的存在，他们服从体制，进朝为官、为妃，才为宝玉和众姐妹争取到一线生存空间吗？

因为有儒家的谨慎，有他们对体制的服从，对责任的履行和背负，才成全了宝玉和黛玉的诗意、自由。那么，站在他人打造的荫凉之下，还反唇相讥别人是虚伪的封建奴才，这样的事情，绝不是曹雪芹做得出来的。

他只写苦。他懂得他们的苦，每一种生命的苦，他懂得而不批判。他知道，每个人一生，都有自己的那些雨露霜雪要承受，都有自己的那碗黄柏苦汤要喝，他默默无言，唯余叹息。

在这苦中，也一样有美。或者说，是苦，让美显得更加美。这美，具体表现在冷香丸中，就是那四味白花，分别是：牡丹，荷花，芙蓉，梅花。

说起牡丹，把它放在第一位，也是理所应当。因为在《红楼梦》中几次用牡丹来指代宝钗，她的丰润，她的淡雅，她的沉稳和庄重，堪为十二钗之首，正如同她抓到的花名签所言："艳冠群芳"。宝钗是牡丹的化身，是群芳之冠，这个地位，其实在第五回的"警幻仙曲演红楼梦"中也可以看出来，宝钗的"终身误"这支曲子，是放在第一位的，而黛玉的"枉凝眉"还排在宝钗之后。

"唯有牡丹真国色，花开时节动京城"。牡丹，开时如软云，丰润而雍容。但它的香味，我从未闻过，据说是一种十分淡雅、中性的木质香。尽管如此，还是有很多香水，以牡丹为题来发挥灵感。这些香水，在我看来，大多是写意多过写实，也就是说，它还原的是牡丹的神韵，而不是它原本的香味。

斯特拉的"双面牡丹"，是第一支给我留下深刻印象的牡丹香水，它还原了我对牡丹全部的想象。它有一种古典的韵致，着力体现牡丹温柔和慵懒的一面。前调淡淡晕开一些胭脂气，如美人呵手试晨妆；中调醇厚醉人，带着一点被阳光晒懒了的微醺，似美人午后小酌，酣睡牡丹花荫之下；后调渐渐冷却，那便是美人如花隔云端，任是无情也动人了。

Jo malone 的"牡丹与嫣红麂绒"，也是一支广为人知的牡丹香水，同样，它没有在牡丹的本味去下文章，也是一支意境之香，它刻画的是牡丹的温柔和性感，如果说宝钗是一支白牡丹，冷如白雪、白云，那么被宝玉拿来类比宝钗的杨贵妃，则是一支粉牡丹，雪肤星眸，丰满温润，行动时香风细细，回眸一笑百媚生。

这支"牡丹与嫣红麂绒"，柔媚入骨，是牡丹微甜的脂粉香，是丝缎般光滑的锦衾，是美人凝脂般的肌肤。如同微寒的冬日清晨，一个温暖的被窝令人眷恋，闻着它，就会明白，什么是温香暖玉抱满怀，为什么从此君王不早朝。

冷香丸中的第二种白花，便是白荷花。荷花，也叫中国莲，主要生于亚洲，无论在中国、日本、印度，还是泰国，荷花都是非常有精神意味的花朵，象征着出淤泥而不染的高洁。

在东方的佛教中，荷花是至尊的花朵，是佛祖座下的莲台。而佛教的出世精神，也是《红楼梦》精神主线的重要一支，所以，在这里，把荷花写入冷香丸，也是理所当然的事。在欧美，似乎是近代才引进了荷花，现代香水中用到荷花的甚少，但算起来荷花是属于睡莲科的，广义的来说，睡莲也可以算是荷花之一种。

睡莲的外型与荷花相似，不同的是荷花的花叶皆出水，而睡莲的花叶都漂浮在水面上，昼舒夜卷。睡莲与荷花相同，因植于水中，可望而不可即，所以会带来"所谓伊人，在水一方"的距离美，莹白透明，宛在水中央，有一种纯净、通透、出尘的感觉。

睡莲，是西方固有的品种，也常入画，最有名的，大概当属莫奈的《睡莲》了。以睡莲入香的香水也很多，而且为了突出莲花的洁净和孤高，通常会搭配竹子、绿茶、梨等清淡的味道，如 Kenzo 的"水之恋"，宝格丽的"白晶"，爱马仕的"尼罗河花园"等等，都是以睡莲为灵感，描画东方留白意境的作品。

冷香丸中第三种白花，也就是秋天的花，则是白芙蓉了。芙蓉，最早在《离骚》中是荷花的别称，之后便多指木芙蓉。唐诗中常以芙蓉喻美人，如白居易的《长恨歌》："芙蓉如面柳如眉。"元稹的《刘阮妻》："芙蓉脂肉绿云鬟，罨画楼台青黛山。"

芙蓉，因开在深秋，也叫拒霜花，故比起普通的花朵，更有了一种倔强之美，恰如黛玉，也似晴雯。在六十三回"寿怡红群芳开夜宴"中，众人占花名行酒令时，黛玉便擎着一枝芙蓉花，题着"风露清愁"四字。大家也都说好极，除了黛玉，别人不配作芙蓉，大约正是黛玉的性格如芙蓉般，看似娇弱，不胜风寒，其实一身傲骨，性格执着，宁为玉碎，不为瓦全。

宋朝范成大曾有一首《菩萨蛮》赞咏白芙蓉："冰明玉润天然色，凄凉拼作西风客。不肯嫁东风，殷勤霜露中。"

这简直就是黛玉性格的写照。如冰一般明净无瑕，如玉一般莹润天然，却不与春花争艳，不与夏花比美，偏要拼到秋风最寒冷的时候，才不顾一切的迎风开放。用黛玉自己的诗来自白，正是："孤标傲世偕谁隐？一样花开为底迟？"

大约正是这种倔强和执着，让曹雪芹如此珍爱芙蓉，甚至不惜洋洋洒洒的写了一大篇的《芙蓉女儿诔》，在文中把芙蓉与"芙蓉女儿"合二为一，极尽华丽辞藻之铺陈，痛痛快快地赞美了一番："其为质，则金玉不足喻其贵。其为性，则冰雪不足喻其洁。其为神，则星日不足喻其精。其为貌，则花月不足喻其色。"这样至高无上的赞美，可见"芙蓉女儿"在作者心中的地位。

当然，这篇诔文，我们都知道，明着是祭晴雯，实则是为祭黛玉而写"谨以群花之蕊，冰鲛之縠，沁芳之泉，枫露之茗……乃致祭于白帝宫中，抚司秋艳芙蓉女儿之前"，晴雯不过是黛玉的镜像，是黛玉的影子，真正成了芙蓉花神的，自然是黛玉无疑。

"茜纱窗下，我本无缘。黄土垄中，卿何薄命？"到了黛玉命归离恨天时，宝玉痴痴傻傻，再也写不出这样的诔文了。

四季轮转，到了冬季，冷香丸中的花朵，选了白梅花。自古文人爱梅，白梅隆冬盛放，凌霜斗雪，位列二十四番花信之首。"万花敢向雪中出"，到这里可以看出，冷香丸中的每一种花，其实都不仅是美，其高洁品性更在姿容之上，换言之不仅要香，还要冷，要有风骨。

如同曹雪芹在第一回中自述写书情由，不为青史留名，不为惊天动地，只因平生见过的这几个女子太美好："闺阁中历历有人，万不可因我之不肖，自护己短，一并使其泯灭也。"他对花的爱敬与欣赏，与对十二钗的态度，是同样的。

《红楼梦》多次着笔梅花，若问哪个女子当配梅花，自然是"槛外人"妙玉了。四十一回"栊翠庵茶品梅花雪"中，妙玉请三人吃茶，她向黛玉说明泡茶之水的由来：

"妙玉冷笑道：'你这么个人，竟是大俗人，连水也尝不出来。这是我五年前，在玄墓蟠香寺里住着，收的梅花上的雪。共得了那一鬼脸青的花瓮一瓮，总舍不得吃，埋在地下，今年夏天才开了。我只吃过一回，这是第二回了。你怎么尝不出来？隔年的雨水哪有这样轻浮，如何吃得？'"

读到这里，每每要佩服曹雪芹的笔力，妙玉头一回出场，如何刻画她孤高到不近人情的性格，是极难的事，而且还要同黛玉的孤高有所区分，更是难上加难。然而就是这么一句话，妙玉此人的形象便立刻活灵活现。黛玉已经就够清高了，但是旧年雨水泡的茶，黛玉已经觉得很不错。到了妙玉这里，连旧年雨水也吃不得了，只肯用梅花上收来的雪泡茶，她自珍自傲，洁癖到了一个惊人的程度。敢说黛玉是个大俗人的，只怕除了妙玉，天下绝数不出第二个来。

我曾极爱梅花，也用心去找过能刻画出梅花那一种寒香的香水。很可惜，大约是因为欧洲没有梅花，少有人取梅花入香。唯有一支圣玛利亚修道院出的"腊梅花"倒稍稍捕捉了一些梅花的神韵。

圣玛利亚修道院（Santa Maria Novella）来自意大利的佛罗伦萨，在 1200 年由一位修道士创建。最早只在修道院中，由修士们种植花朵，用传统手工艺萃取其中精油，专供梅第奇家族使用，后来，才逐渐向公众开放。了解一点中世纪历史的人都会知道，梅第奇家族有多么的传奇，不但出了三个教皇，两个王后，而且赞助了包括波提切利、米开朗琪罗等许多伟大的艺术家，若不是梅第奇家族，只怕文艺复兴不会那么早就在欧洲开始，更不会开始于佛罗伦萨了。

梅第奇家族御用的香水、化妆品、日用品，大多产自圣玛利亚修道院。如今，这个伟大的家族早已消亡，但圣玛利亚修道院的香水仍然以用料考究，制作严谨而闻名。我私心里认为，正是因为这支香水产自修道院，带上了一丝宗教气息，所以这支梅花香水，就更加暗合妙玉的身份了。

妙玉生在亚洲，出家为尼。若生在欧洲，大约也是修道院中身着缁衣的绝色修女一枚，仍是槛外人。大好青春，却深锁重门，青灯古佛之下，唯有园中一树梅花静静陪伴。想来，妙玉也不是不寂寞的吧。

冷香人食冷香丸，寂寞花伴寂寞卿。无论是如宝钗一般，身陷红尘，还是如妙玉一般，避世绝尘，大约都免不了冷冷的、孤独的命运吧。鲁迅先生曾在《中国小说史略》中如此评价《红楼梦》："悲凉之雾，遍被华林，然呼吸而领会者，独宝玉而已。"

在群芳开夜宴一节中，唯有宝玉不需占花，余英时先生说，因为宝玉是总花神，是三生石畔的神瑛侍者，也就是照顾、浇灌和管理众花的小仙官。到了人世间，他仍是日日在姐妹中厮混，体贴和心疼着每一个女孩，悉心照管着这些从天上来到世间历劫的花朵。而对于她们的命运，正如鲁迅先生所说，呼吸而领会者，独宝玉而已。

当然，宝玉便是曹雪芹自己。他如此清醒的看到这命运不可挽回的走向，然而除了呼吸领会之外，却也无可奈何。正如王国维词中所云"试上高峰窥皓月，偶开天眼觑红尘，可怜身是眼中人"。

唯有书写，或可能是唯一的拯救。

唯有在书写中，或可留恋，沉醉，自渡渡人吧。

foth kisoo

フッキ
ソウ

リイ下ミ

koetje nasi

コウバイ

koo bai

Mokouren

モ
ク
レ
ン

*Mokorezij*

モリセイ

hodoke soo

オトケソウ

# 恋 香

# 开辟鸿蒙，谁为情种：

## 香水中的爱情故事

### （上）

我家附近有座大学，是我日常散步最爱去的地方。离开校园很多年了，但总是对校园的气氛恋恋不舍，每当想要逃避人群的时候，就会去大学散步，似乎只要在那样的街道上走一走，就能回到青春时代。穿一件白T恤，买一支雪糕，边走边咬，舌尖一点凉凉的清甜，校园的晚风淡淡吹拂着裙角，吹起一种悠然又惆怅的心情。

在大学校园里，爱情是随处可见的风景。经常看到的是，一对年轻的小情侣从图书馆出来，手拖着手，一起去食堂吃饭；又或是两个人一同在操场上跑步，男生故意放慢脚步等女孩，跑到呼呼喘气，停下来相视而笑；当然也还有争吵、闹别扭，女孩哭，男孩不知所措的站着，路灯投下昏黄的光，好像一个舞台，两人隔着一束光犹疑良久，最终慢慢走近，在路灯下拥抱。

每当这时，总会想起宝玉和黛玉，其实算算两人的年龄，根本还不到上大学的岁数，顶多是高中生。总是有人说，小孩懂什么爱情，都只会互相伤害。谈恋爱最好等到成熟以后，才能彼此珍惜、欣赏，才能走得长久。可宝玉和黛玉，不就是小孩吗？想来大概没几个"大人"能声称比他们更懂爱情了吧。

宝玉和黛玉的爱情，其实并不轰轰烈烈，没有像朱丽叶和罗密欧那样双双殉情，也没有像梁山伯和祝英台死后化蝶也要长相厮守，他们只是很家常，一起调胭脂，一起写诗，花下读书，檐下听雨，时常闹个别扭，也有许多小甜蜜，虽说是爱情，但纯洁得连一点性的意味都没有。

一个是阆苑仙葩，一个是美玉无瑕。但终究，一个是水中月，一个是镜中花。

如果用一支香水来形容宝黛的爱情，我大约会提名芦丹氏的"修女"。这支香水的开端，是一种执拗的味道。一根筋似的茉莉，任性地扩散开来，带着不讨好的生硬和青涩，能冲人一个跟头。如同黛玉从不服软的性格，在全书的一大半时间里，黛玉对宝玉经常都是拧着来的，因为她心中没有安全感，自认身世飘零，又加上有个带着金锁的宝钗在旁边比着，她自然心中有刺，处处防备，时时泛酸，动不动跟宝玉吵架，就会撂下一句："这一去，一辈子也别来！"黛玉爱说狠话，她的感情是带着毁灭性的，一般人真是接受不来。

然而，你若有些耐心，就会发现，随着时间，黛玉后来逐渐变得温柔了。因为她一步步看清了宝玉的心，也看清了自己的心。如同"修女"这支香水，到了中调，它的味道就逐渐柔和下来，有了些许仙气，退去了花香的张扬和尖锐，而化为茶香的幽远清澈，十分动人。

宝黛的感情，从二而一，最终心心相印，如同一个人般默契。真仿佛一个人自我修行的过程，从一开始的两个人格互相磨合，从满身愤怒的棱角，偏激的思想，对世界充满怨与愁，直至变得圆润、温柔、平和、通透，上善若水，利万物而不争。如月光，柔和布下清晖，华枝春满，天心月圆。

到了尾调，这支香水散发出幽幽焚香，已达禅境，至此，也很符合宝玉最后出家的结局。我很喜欢这支香水铺排的戏剧性，它是有情节的，会随着时间变化，能够容人去品味，放在心底反复琢磨，这才是作为一支好香所表现出的艺术价值。

## 蝴蝶夫人：脆弱与刚烈

香水，作为一种充满感性的嗅觉艺术，自然是和爱情脱不开关系的，事实上，很多香水的灵感都来自于爱情故事。最典型的，如娇兰的老香"蝴蝶夫人"。

《蝴蝶夫人》是普契尼创作的一出悲情歌剧。蝴蝶夫人名叫巧巧桑，是个美丽的日本少女，年仅 15 岁，在掮客的撮合下，她嫁给美国海军上尉平克顿为妻，谁知平克顿是个花花公子，到处留情，每随着战舰行到一处，都要在当地娶一房太太。但巧巧桑完全不知情，她痴心地爱上了平克顿，把自己的一片真心和处女身都献给他。

没过多久，平克顿跟随舰队回到美国，他抛弃了巧巧桑，但巧巧桑仍然决定等待丈夫的归来。她怀孕了，生下一个男孩，在当时的日本，一个女人带着个孩子，生活的贫苦可想而知，但是蝴蝶夫人始终坚持等待，拒绝了媒人要她再嫁的建议，也不愿沦落风尘。

直到三年之后，平克顿又回到日本，而且还带来了自己在美国的妻子。得知巧巧桑为她生了一个儿子，便要求她交出儿子，让他带回美国抚养。最终，蝴蝶夫人痛苦地交出了孩子，惨烈的剖腹自尽，结束了年仅 18 岁的生命。

我在拿到"蝴蝶夫人"这支香水之前，好奇的在心中猜测了许多次，它到底会是什么味道？是纯真的，还是温柔的？最后，当我终于得以一见这支经典香水的原貌时，我才发现，它的味道，是哀伤的，是凄婉的，如同一滴泪水，潮湿而苦咸。这种味道如此特别，如此伤感，很少能在现代香水里闻到。

这种香味，来自一种特别的香料：橡木苔。而且因为这一种香料，还衍生出了香水中一个重要的香调：西普调。

西普调，得名于传奇调香大师 Coty，他在 1917 年推出了一款叫做"西普"的香水，从此揭开了一个属于西普调的传奇时代。"西普"在法语中的意思是塞浦路斯岛，也就是传说中美神维纳斯的出生地，同时也是橡木苔的产地，西普调中正是有了橡木苔，才显得湿润而原始，阴暗而饱满，如同置身于常年不见阳光的热带雨林之中。

西普调的香水，层次复杂多变，香调能呈现出冷暖两极的戏剧冲突，充满复古情怀，至今仍然是许多玩香老手们争相收藏的对象。西普调的经典老香数不胜数，除了上面提到的蝴蝶夫人以外，还有诸如 Jar，罗莎夫人，绿风等等。

但可惜的是，因为橡木苔对人体皮肤可能产生过敏反应，所以国际香精协会（IFRA）发出一纸禁令，对橡木苔的使用做出了严格限制。从此，纯正的西普调成了绝响，市面上现存的各种西普老香的价格也在不停地攀升，完全从实用品成了收藏品。

《香水指南》的作者卢卡·图林曾如此评价"蝴蝶夫

人"："每当有人问我最喜欢的香水，或有史以来最棒的香水，或为了逃税逃往火星时会带上的香水时，我都回答'蝴蝶夫人'。"可见，她有多成功。

"蝴蝶夫人"的调香师雅克·娇兰（Jacques Guerlian），人称娇兰三世，也是一位调香界的传奇大佬，被称为"21世纪最伟大的鼻子"，在他手中诞生过无数的香水传奇，令娇兰这个品牌大放异彩。

## LIU：卑微的爱

在"蝴蝶夫人"获得成功之后，Jacques Guerlian 又从普契尼的另一部东方风情的歌剧作品《图兰朵》中得到灵感，为娇兰再添一支经典老香，取名为"LIU"。

"LIU"是《图兰朵》中的一个配角，是鞑靼国王的婢女柳儿的名字。柳儿一往情深地爱恋着鞑靼王子，王子却痴狂地追求图兰朵公主，最后，柳儿为了保护王子，成全他与公主的爱情，不惜自刎在士兵的刀剑之下。

柳儿的命运与痴情，她的绝望与自我牺牲，与蝴蝶夫人几乎如出一辙，这样的角色，在东方的爱情故事中似乎已成了典型。她也很像是《海的女儿》中的小人鱼，最后化为泡沫，成全了爱人的幸福。她们在爱情中都是卑微的、无望的，但同时，也是勇敢的、纯真的、光芒万丈的。用黛玉的话来说，她们的牺牲，不是为了别的，只是"为了我自己的心"。

## 一千零一夜：长相思，摧心肝

雅克·娇兰从爱情故事里寻找调香的灵感，其中最为著名的，也就是被称为经典香水"五大"之一的"一千零一夜（Shalimar）"。"五大"中的另外四支香水分别是：香奈儿5号，让巴度的Joy，浪凡的琶音，莲娜丽姿的比翼双飞。

单表Shalimar。它的故事，来自印度的泰姬陵。

泰姬陵，通体用名贵的白色大理石建成，是沙贾汗大帝倾全国之力，为心爱的妃子泰姬所建的陵墓。他们一共生育了14个孩子，而泰姬正是在生第14个孩子的时候难产而死，沙贾汗伤心欲绝，一夜之间白了头发。

关于这栋建筑的传说很多，有人说沙贾汗大帝找来了伊斯兰世界最好的建筑师，为了让他懂得丧妻之痛，下令杀了他的太太。泰姬陵建成之后，他更残暴地砍掉了所有工人的双手，为的是保证这世上不会再有像泰姬陵一样美的建筑。

他的暴戾，虽然可怕，但难以令人讨厌起来。因为他不过是个思念爱人的痴情种子，他的痛苦令人怜悯，也令人心有戚戚。为了这栋泰姬陵，他几乎得罪了所有人，包括自己的亲生儿子，以至于晚年他被囚禁在一个小小的牢狱之中，只能从一个小小的窗口，远远地眺望泰姬陵。

如今，泰姬陵已伫立在风雨中将近 500 年之久，却仍然像建造之初一样洁白、典雅，令人一见忘俗。它坚贞得就像沙贾汗大帝的爱情本身，白得像朵永开不败的莲花，干净得就像不属于这个尘世。所以，泰姬陵，当之无愧的成了现在全世界有情人的朝圣所在。

雅克·娇兰被泰姬陵的故事打动，更以他自己的方式理解了这个故事，创作了 Shalimar。他选择了柑橘和雪松作为前调，清新干净，仿佛初相见时，心弦被拨动的轻音。中调之后，大胆的东方香料开始介入，营造出甜蜜又性感的缠绵，仿佛两人相爱相守时的热烈。到了尾调，焚香与檀香打底，味道逐渐变得绵长又清冷，有生死离别带来的幻灭和宗教感，仿佛沙贾汗大帝的长相思。

三调精致又分明，随着时间的流逝，层叠推进，是不可多得的佳作。Shalimar 把这段爱情故事演绎得入骨三分，它的成功，不是偶然。


（下）


说起香水的故事，很多人都会首先想起聚斯金德的小说《香水：一个谋杀犯的故事》，那当然不是一个爱情故事，那是一个残酷的谋杀与毁灭的故事。但是，谁也不能否认，其中有激烈的爱，无法自控的欲望，深不见底的孤独。

香水，与情欲似乎是天然的，无法分开的一对。且不说无数的香水广告里有多少情欲的暗示，甚至还有一些品牌专门推出了所谓的"费洛蒙"香水，直指香水的调情和挑逗的功能。

《红楼梦》中，有许多露骨的性描写，秦钟与智能儿，贾琏与多姑娘，宝玉初试云雨情等等，已经数不胜数，更不要说很多眉来眼去、暧昧萌动的情愫了。在宝玉身上，几乎可以看到他对每一个女孩子的疼惜里，都多少有一点情欲的成分，对她们的身体之美的赞扬，绝不亚于对灵魂的欣赏。

但这情欲并不是赤裸裸的兽欲，它更像是一种干净而温暖的依恋。警幻仙姑说得好：

"如世之好淫者，不过悦容貌，喜歌舞，调笑无厌，云雨无时，恨不能尽天下美女供我片时之兴趣，此皆皮肤淫滥之蠢物耳。如尔则天分中生成一段痴情，吾辈推之为'意淫'。'意淫'二字，惟心会而不可口传，可神通而不可语达……"

当然，意淫这个词，现在已经被彻底玩坏，早就不是《红楼梦》中的原意了。但这两个字原来的意思，我想本是情大于欲的，情欲交织，情让欲变得透明和干净了，欲让情变得甘醇而沸腾了。

在秦可卿的批语中，曾有这么一句："情天情海幻情身，情既相逢必主淫"。它写出了情欲水乳交融，不可分割的本质。任何想要试图把爱情和欲望完全分离开的尝试，本质上都是无效的，而且是有些假道学的。爱情当然不可能仅仅是属于精神上、灵魂上的存在，因为如果真的要细究，灵魂到底是什么东西呢？大概以人类能够实证的理论来解释，灵魂就是情绪、思想、感觉的合体，但情绪、思想、感觉又从何而来呢？终究还是要回到这具肉身中来吧。

尼采对此说得最为直接："我整个的是肉体，而不是其他什么。灵魂是肉体某一部分的名称，灵魂是肉体的一个器官。"想要亲近一个人的肉体，也是亲近其灵魂的一种尝试吧。于是，在有关香水的故事里，我们也不可避免地将谈到情欲。

关于其他的感觉，我们总是会用到正向的形容词，比如快乐是满，道德是高，学问是多，唯独说到情，却用了一个负向的形容词，情是"深"的。面对着不可解的情，人们好像看到了某种幽暗的存在，如同海中莫名卷起的巨大漩涡，不知其所起，一往而深。

情欲的神秘力量，好像是来自另一个世界的，是上古就有的某种巫术，是测不透的，也摆不脱的，甚至它可能是不祥的，是会令人坠跌，万劫不复的。它与人求生的本能，追求利好的本能是截然相反的，它令人想要自我牺牲，想要把自身利益拱手相让，它令人感觉痛苦，感觉到被束缚，甚至会有自我毁灭的倾向。

## 幽暗深渊：王尔德的绝境

关于情欲的"深"，芦丹氏有一支香水，相当切题，名为"幽暗深渊"。它得名于波德莱尔的《恶之花》："求你怜悯我。你，是我唯一的爱恋，我的心已跌入幽暗的深渊。"

但这支香水，更广为人知的另一个名字，叫"深渊书简"。得名于王尔德的同名书信集，大陆译名为《自深深处》。这本书的身后，也同样隐藏着一个凄凉又绝望的爱情故事。

王尔德，说他是英伦不世出的文学天才，一点也不过分。他 17 岁就拿到柏林圣三一学院的全额奖学金，后又就读牛津大学。他成绩极其优异，在学校是有名的风云人物。但他根本不是传统意义上的好学生，他喜欢打扮，服装惹眼，谈吐机智，特立独行，把"美"的价值看得高于一切。

他天分极高，话锋不逊，写作标新立异，年轻时，就开始在文坛崭露头角，无论是诗歌、戏剧、小说，还是童话故事，写一样，红一样，每部都赢个满堂彩，完全是势不可挡。很快，他的大名整个伦敦无人不晓。他自己也很得意的说："我王尔德，要么名扬天下，要么臭名远扬。"

王尔德真可谓是生活的宠儿，少年得志，一路顺风顺水，妻儿环绕，名利双收，家庭美满。直到 37 岁那年，他遇到了波西，他命中的克星，一个 21 岁的贵族美少年。他被波西的美所俘获，一头扎进了情欲的深渊。

波西是牛津大学的学生，算是王尔德的小学弟。两人一见如故，一拍即合，从此双双出入于伦敦的上流社会，举止亲昵，俨然一对恋人。可是，那是 19 世纪，同性恋还是被视为异类的存在，更何况王尔德还是有家室的男人。很快，人们就纷纷指责王尔德和波西伤风败俗，对他们两人唯恐避之不及。

波西的父亲，昆斯贝理侯爵，痛恨儿子和王尔德的交往，一纸诉状将他告上了法庭。这场官司的结果是王尔德惨败，他不仅家财散尽，妻离子散，还被判入狱服刑两年。

在狱中，他用尽方法写信给波西，最终合集成了这本《自深深处》，一字一句都是对波西爱的倾诉，他在信中写到："即使你拒收我的信，我也会继续写下去，你虽然毁了我，我却不能让你背负这重担过一辈子……上帝是奇怪的，他不但借助我们的恶来惩罚我们，也利用我们内心的美好、善良、慈悲、关爱来毁灭我们。"

出狱之后，王尔德移居巴黎，狱中的恶劣环境和重体力劳动，严重损伤了他的身体和精神，他身心交瘁，再也没能彻底康复。到巴黎之后，他未再与波西相见，也没能再写出令世人惊艳的作品。3 年之后，他患上脑膜炎，客死巴黎，年仅 46 岁。

芦丹氏的"深渊书简"，这瓶与王尔德书信同名的香水，被装在一支古老的钟型瓶子里，它的色彩是一种阴郁的紫，像暗夜里盛放的紫罗兰，更像是墨迹和血迹交合而成的色彩。

它的香味浓烈而沉闷，散发着一种阴沉的死亡气息，又好像某种已经干枯的植物。这样的香味，如一记重击，把人推入窒息的黑暗里，那是失爱的荒原，是无人回应的绝境，就像是一条漫长的，看不到尽头的孤独长路。

## 午夜飞行：小王子与他的玫瑰花

《自深深处》，也会让我想到另一支老香水，同样凛冽与浓烈的"午夜飞行"。对于所有爱香的人来说，"午夜飞行"都是一个如雷贯耳，泰山仰止般的存在。

我最早听闻"午夜飞行"，还是个 16 岁的高中生，它的名字常出现在亦舒的小说中，是亦舒女郎们标配的一支香，亦舒还专门写过一个故事，就叫《午夜飞行》。

后来才知道，"午夜飞行"的故事来自《小王子》的作者圣修伯利，这支香也被译作"长夜飞逝"，那是一个悲伤的关于飞行员的爱情故事，其中很多部分取材于作者的亲身经历。

圣修伯利，因为《小王子》而名动天下，但他本人的正职是飞行员，经常独自驾驶飞机穿越数千公里的航线，大约也经常在夜里飞行。他的女朋友里最著名的一位，莫过于白芮儿·玛克罕了，她从小在非洲长大，美貌而充满野性，她本人也是飞行员和作家，曾写过一本自传，名为《夜航西飞》，极为精彩，英气十足。连海明威这么苛刻的作家，读了以后都大赞："写得非常好，超级的好，让我觉得自己简直不配当一名作家……"

她和圣修伯利，真是天造地设的一对，只可惜，因为各种原因，最终两人相爱一场，却没能走到一起。

"午夜飞行"因为这些爱情传说的加持，再加上早早停产，毫无悬念的成了香水界一个不朽的传奇。有幸闻过，香味独特令人难忘。

它的香气，决绝又寒冷，如同寂寞的万里长空。它是苦涩而忧伤的，但却没有一丝颓废，而是充满坚毅和潇洒，是面对无情命运时，绝不低头的铮铮傲骨。

它很不讨好，不甜，不清新，更不温柔。很多人第一次闻到，都难以接受，但是闻久了，就会爱上它，甚至觉得非它不可。它令人清醒，就像一支精神上的强心剂，一种无声而坚定的支持。

当飞行员驾驶着技术尚不成熟的螺旋桨飞机，独自在高空穿越茫茫黑夜的时候，他会经历孤独，经历恐惧，经历寒冷的夜风，也经历黑暗的侵袭。然而，最终他会因为那一份使命的托付，最终以勇气和智慧战胜这个航程，飞完这个冒险的旅程，一次又一次。

这件事，本身已经很美。因为它代表的，是人类永不屈服的探索，永不低头的誓言。它正如帕斯卡尔所言："人很脆弱，只是一根芦苇，但却是会思考的、有尊严的芦苇。"

## NO. 5：香奈儿的自爱

　　说到爱情与尊严的话题，我又想起了 Coco Chanel。她幼年被生身父母抛弃，在孤儿院长大，如此低微的起点，一路挣扎向上，她当过侍女，当过服务员，也当过贵族的情妇。但是她从来没有放弃过对自己才华的信心，从未放弃过让自己独立和强大起来的渴望，最终，她做到了。

　　她把当时女性那套陈腐的，以讨好男性为目的的时尚观完全打破，她教女人穿裤装，创造出一种洒脱又优雅的独特风格，成了当之无愧的时尚教母。

　　Coco 用她的一生，完美地诠释了什么是女性的尊严，卑微并不可怕，可怕的是从骨子里认同自己只能卑微，只能依附于男性的命运。Coco 的存在，就像一个熠熠发光的灯塔，为全世界的女性，点燃了灵魂里的那盏灯。

　　作为她的忠实粉丝，我当然必须拥有一瓶 Chanel No. 5。这支香水的名气，已经大到快成为"香水"的同义词。几乎无人不知它的大名，而实际上，很少有人会在闻过它的味道之后，真的买下它。

　　大多数人都会认为，这个味道太有侵犯性，太浓烈，不

217

符合大众喜欢的那种甜甜淡淡小清新的感觉。但我却偏爱这个味道，喜欢它的强大气场。这支香水是香奈儿亲自调制的，她说："这就是我要的，一种截然不同于以往的香水，一种气味香浓，令人难忘的香水。强烈得像一记耳光一样，令你无法忘怀。"

Coco 一生情人无数，而调制这支香水的时候，是她风华正茂，最美也最骄傲的时候。那时，她已经有了自己的服装品牌，也完全可以随心选择自己的爱人，不需要再为五斗米折腰，这支 No. 5 完全表现出了她的女王范，妖媚又沉着，气场全开，她就带着这样的一身香气，遇到了一个才华横溢的爱人：斯特拉文斯基。

彼时，斯特拉文斯基横空出世，一出惊世骇俗的舞剧《春之祭》席卷整个巴黎，华丽不羁，狂放原始，用一种完全新鲜的方式挑战了传统的芭蕾舞剧。《春之祭》让德彪西在演出中忘乎所以地起身疯狂鼓掌，而圣桑则被惊讶到目瞪口呆，临走时只扔下了一句"他是个疯子"。

香奈儿和斯特拉文斯基，这两个人某种程度上都是"疯子"，他们都是如此的超前于时代，用才华狠狠地给旧时代一个耳光，告知人们，什么是新世界的来临。两人的相遇，也自然是金风玉露一相逢，胜却人间无数。

那时，斯特拉文斯基已有家室，谈起这段婚外情，总有人不齿地斥责香奈儿是小三。可是，你几时看过这样的小三呢？不但赞助舞剧的演出，还亲自设计服装，承担他一切的生活所需，等于是把斯特拉文斯基整个给"包养"了下来。

不单是"包养"他，还养了他的一家，包括他病重的妻子凯瑟琳，还有四个子女，把他们请进了自己在巴黎郊外的别墅之中，照顾得妥妥帖帖。在电影《香奈儿的秘密情史》里，那栋纯黑白设计的别墅令人印象深刻，极具香奈儿风格。

她就是如此霸气，能让一个天才作曲家成为自己豢养的囊中物，生活在自己创造的世界中。虽然他们在才华和灵魂上是势均力敌的，但在这段关系中，很明显的，斯特拉文斯基，仍然是落了下风。

No. 5，正是为这样的女人定制的香水。我一点也不奇怪很多人初次闻到它的味道，会皱起眉头，会嫌它太张扬，太浓烈，而不像市面上许多粉红甜甜的香水那样，乖巧温柔，讨人喜欢。

它的确不是什么人都穿得起，也配穿的香水。穿它的女人，一定要有足够的自信，不害怕"木秀于林，风必摧之"，不害怕自己的才华和美艳会招人嫉妒，惹人侧目。她如《庄子·秋水》中的那只凤凰，非梧桐不栖，非醴泉不饮，不是最好的，我才不稀罕。

正如 No. 5 的广告中所说的那样，每个女人，都该有一支 No. 5，你可以永远不穿它，但是你应该把它穿进心里，不要害怕成为你自己，绽放自己的光芒，散放自己的香气，永远不要去讨好他人，而要讨好你自己。

这就是 No. 5 告诉女人的爱情故事，一个爱自己的故事。也唯有到了某一天，你真正开始懂得爱自己，那才是终身浪漫的开始。

# 后记：

## 繁华事散逐香尘

　　白先勇先生曾说，《红楼梦》成书于十八世纪的乾隆时期，那正是中国文化到了最成熟，最极致的巅峰，即将由盛转衰的关键时期，这是一本写在顶点的书。

　　某种意义上来说，曹雪芹所书写的，不只是一个大家族的繁华和衰落，在潜意识中，他同时感觉到整个文化将要倾颓和崩溃的预兆。"忽喇喇似大厦倾，昏惨惨似灯将尽"，他以一个天才作家敏锐的第六感，写下了这本书。对今天的我们来说，《红楼梦》不单是一个家族的兴衰史，也是一部对大时代的变幻，大传统的式微，人世无可挽转的荣枯无常的一首千古绝唱的挽歌。

　　康乾盛世之后，《红楼梦》之后，清朝国运渐渐衰落下去，与之同步的是文化的衰落，近代的一系列战争，从物质到精神，对传统文化的荡涤和清扫，几乎都是破坏性的，甚至是毁灭性的。在一次次的清扫和荡涤中，在文化的血脉上，几乎被斩断了与过往的联系。

经历了近代工业革命的洗礼，整个世界的风潮都趋向简洁与效率，趋向实用和方便，人们追求简单易懂的消遣，快速的消费和娱乐，只求享受而不求甚解。

但还好，我们还有《红楼梦》，它是一场太繁华，也太荒凉的美梦。在那些字里行间，保存着那个时代最真实的生活细节，我们得以在其间捕捉到吉光片羽，闭上双眼，翕动鼻尖，依稀捕捉到过往岁月里那几欲飘散的香尘。

《红楼梦》那幽微的审美，在视觉，也在嗅觉，我在阅读中最敏锐的部分，在脑中形成立体感触的部分，大多都来自于书中的植物和香味。当《红楼梦》的大幕徐徐拉开，第一个场景便是大荒山，无稽崖，青埂峰。"荒、无、青"，三字便带出一片青翠缥缈，杳无人烟，植被繁茂的深山空景。

之后故事追溯到西方灵河岸上，三生石畔。神瑛侍者以甘露，日日灌溉绛珠仙草，木石前盟就此结下。

另一重奇境是太虚幻境，在宝玉的梦境中，它是仙花馥郁、异草芬芳的，是绿树清溪、飞尘不到的所在。而太虚幻境在现实中的投影——大观园，则更是满目青绿，出尘脱俗。李纨曾描述大观园"风流文采胜蓬莱"，蓬莱是神话中的海上三座仙山之一，而"蓬"和"莱"都是植物。

曹雪芹是深爱植物的，他曾细细描画过大观园中的一草一木，也曾为落花可能被玷污的命运担心。植物是有静气的，安静而且干净，美丽却也脆弱。

再看大观园中的地名，也几乎都与花草植物有关：沁芳溪、枕翠庵、蘅芜苑、紫菱洲、稻香村、藕香榭……宝玉和女孩们在这个天真烂漫的世界中，饮茶作诗，嬉笑玩耍。

不单是屋子，从他给十二钗取的名字也可以看出，在曹雪芹的世界里，这些女子一定都是有颜色的，在回忆里留下一片风景。晴雯，是一片火烧云，壮烈，艳丽，美得灼伤双眼。袭人，是似桂如兰的一个小花园，春意融融，温暖而熨帖。宝钗，自然是一片大雪，曹雪芹无数次用雪的意向来描述她：金簪雪里埋、山中高士晶莹雪。

宝钗是白色的，而黛玉却是黑色，更准确地说，"黛"其实是很深的近乎黑的青色。如阴霾，如美人之眉，是水墨中的远山，哀愁，迷茫，触不可及。恰似那遮不住的青山隐隐，流不尽的绿水悠悠。


有植物就有香气，植物若是一盏灯，香气就是它们的光。

《红楼梦》的女子们也都各有独属于自己的香气，这不奇怪。美人从来都是与香分不开的，几乎所有和美人有关的东西，都可以用芳香来形容：香腮、香唇、香肌、香汗、香吻、香闺、香鬓，芳名、芳龄、芳踪，怜香惜玉、国色天香……说"香"是女性最重要的转喻，也不为过。

整部《红楼梦》，也贯穿着焚香、熏香、闻香、佩香、上香、香品、香具、香物……可见清代用香之盛、之精、之广，也可窥见一个时代文化的精致与繁华。而反观现代，用香的文化早已衰落，不光是用香，穿衣、建筑，种种方面，人们都越来越讲究简单和实用，而不是精美与幽微。

这固然是现代精神对古典文化的全面席卷，也同时意味着生活价值观的改变。中国经过百年的革命动荡，那些悠久文化与精神传统正在慢慢衰落。虽然现代中国的经济实力已经不容小觑，然而，生活的艺术如今在很多人眼中已经变得鸡肋，人们不再懂得欣赏其中的精微之美。

人常说，三代才能养出一个真正的"贵族"。三代，也就是近百年才能培养出来，这种贵族的"贵"，到底是什么呢？当然不是知识，知识可以突击学习，也不是拥有多少奢华的物质，只要有钱，再贵的东西也买得到。在我看来，真正的贵族，他们所养的，是一份敏感。

比如在栊翠庵里品茶，刘姥姥一口就喝干了妙玉名贵的老君眉，还嫌弃味道太淡，这就是普通人和"贵族"真正的差别。贵族家庭日积月累培养起的那一份精细的感觉，反照出我们的感觉是多么迟钝。人与人的差异，真不单单是物质的丰富或匮乏，也是自身感受能力的敏感或麻木，敏感的人能够分辨出事物中极微小的差别，而常人则没有这种能力。

敏感，是神经系统的发达，无论是眼耳口鼻舌身意，浑身都是小小的触须，能够体会到常人完全体会不到的层次。

所以，他们的乐趣，比别人高妙，但他们对痛苦的感受，或许也胜过常人许多倍。

富而粗糙的，带个大金链，开个大豪车的那种人，绝对不是贵族。敏感才是真正的贵族属性。正如豌豆公主，睡在十层被子上，还能感觉到下面有一颗豌豆，而且被磕碰得浑身青紫，王子赞叹，这才是一位真正的公主！这故事或许夸张了些，但它说出了一个关键，贵族本质上是一种敏感，渗透在生活中方方面面的品位，知礼、知耻、审美，实际上都是敏感的结果。

《红楼梦》之贵、之美，就在于处处可见这种敏感，这是曹雪芹前半生的生活中自然带出的气息，他人模仿不来。比如宝玉去袭人家里做客，袭人立刻拿了手炉，放上梅花香饼子，给宝玉暖上。也不让吃别的，只单拿了几颗松子，细细吹干净，再托着送到宝玉嘴边。这大概都是他曾经真实的经历。

这种生活里养出来的孩子，必定敏感异常。黛玉就是最典型的一个。她为什么爱哭？用湘云的话说，她是心窄，其实就是非常敏感。黛玉是个活脱脱的豌豆公主，十层被子下的豌豆也能让她睡不着觉，哪怕有人暗示一下她长得像戏子，她也会受不了。而刘姥姥呢？在田埂上也能倒头就睡，心也大，被人当"女篾片儿"逗乐也没事。

但也正是因为，黛玉有这样敏锐的感受力，才能写出那么多美好的诗句。有很多美到极致，美到幽微的东西，非黛玉这样的人，只怕都无法创作出来。她和她的诗句，都是需要精心呵护的花朵，美到令人惊叹，脆弱到让人不忍。

刘姥姥也许不在乎要不要用香，但是黛玉的生活里一定少不了香，而且他们会对香有精微的辨识力，每一种香，用在什么场合，什么状况下，分毫不错。香，培养着他们嗅觉和精神上的敏感，正如精致的饮食与衣服，高雅的书和艺术品，逐渐形成一个氛围，天长日久的生活着，在每一个细节中沉浸着，才能养成一个举手投足都不再粗糙的真正的贵族。

我们今天谈香的意义，也正在于此，香本身只是载体，重要的是它背后呈现出来的微妙的部分。香与其他所有艺术形式不同，它无形无影，如烟云聚散，也因此，它需要最敏锐的感官和直觉，才能品味出其中精妙的美。

在品香的过程中，最细微的感受力会被培养出来，把人带到一个从来没有踏足过的美的世界中，那是一个与当下讲究实效，过分刺激感官的世界，完全不同的境界，是《红楼梦》中曾经有过，但现在已经失去了的世界。

那个世界，如今已经如同海市蜃楼一般消失无踪，留给我们的只有传说。

繁华事散，但作为后人，我们或还可以捕捉到些微的香尘，闭上眼睛，在这余香袅袅中，我们似乎回到往昔，回到康乾盛世，回到了《红楼梦》的大观园之中。

**图书在版编目（CIP）数据**

何处有香丘·红楼谈香录/亚比煞著. —武汉：华中科技大学出版社，2018.5

ISBN 978-7-5680-3809-6

Ⅰ.①何… Ⅱ.①亚… Ⅲ.①香料-文化-中国 Ⅳ.① TQ65

中国版本图书馆 CIP 数据核字（2018）第 063808 号

# 何处有香丘·红楼谈香录

Hechu You xiangqiu honglou Tan Xiang Lu

亚比煞 著

策划编辑：陈心玉
责任编辑：陈心玉
封面设计：一起平面设计
责任校对：何 欢
责任监印：朱 玢

出版发行：华中科技大学出版社（中国·武汉）　　电话：(027) 81321913
　　　　　武汉市东湖新技术开发区华工科技园　　邮编：430223

录　排：华中科技大学惠友文印中心
印　刷：武汉精一佳印刷有限公司
开　本：880mm×1230mm　1/32
印　张：7.625
字　数：151 千字
版　次：2018 年 5 月第 1 版第 1 次印刷
定　价：39.00 元